오무아무아

‘OUMUAMUA

오무아무아

하버드가 밝혀낸 외계의 첫 번째 신호

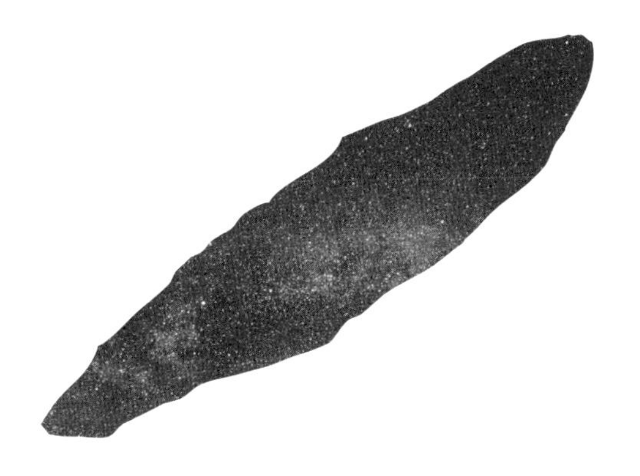

아비 로브 지음 | 강세중 옮김 | 우종학 감수

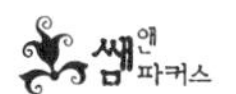

쌤앤파커스

나의 세 뮤즈, 오프릿, 클릴, 로템에게.

그리고 저 멀리 있는 모두에게…

차례

감수의 글

과학은 시대의 기준을 바꾸고 우리의 상식을 바꾼다

우종학, 서울대학교 물리천문학부 교수

2017년 10월 19일, 정체불명의 물체가 태양계를 방문했다. 11일 동안 수집된 관측 자료를 바탕으로 여러 가설이 제시되었지만, 태양계 밖에서 기원했다는 결론 이외에는 정체를 밝히지 못했고 '탐색자'라는 뜻을 가진 '오무아무아'로 불리기 시작했다. 오무아무아는 인류가 그동안 인지하지 못했던 새로운 자연 현상일까? 아니면 저자의 주장처럼 외계 문명의 흔적이나 우주를 탐색하기 위한 탐사선일까? 저명한 천문학자이자 다양한 연구 경력을 가진 아비 로브가 저술한 이 책을 감수하기로 한 계기는 바로 이 질문이었다.

수학적 증명과 달리 과학적 입증은 사실 간단하지가 않

다. 흔히 증명의 책임은 주로 엉뚱한 주장을 하는 사람 자신에게 있다고 말한다. 문제는 어떤 주장이 엉뚱한지 혹은 지나친지 판단하는 기준에 있다. 가령, 철학자 버트런드 러셀은 화성과 목성 사이에서 공전하고 있는 주전자가 존재한다는 주장을 예로 들었다. 화성과 목성 사이에 주전자가 있을 리 없다는 게 상식적 판단이다.

하지만 이렇게 가정해 보면 어떨까? 화성과 목성 사이 소행성 지대에 수많은 외계 문명이 있으며 우주 비행 실험이 자주 수행되고, 특히 차 마시기를 즐겨하는 외계인들이 우주 비행에도 반드시 찻잔과 주전자를 갖고 다닐 뿐만 아니라 우주선이 부서지며 찻잔과 주전자가 우주 공간으로 흩어져 버리는 사고가 늘 일어난다고. 그리고 이런 내용은 우리 지구인들에게 잘 알려져 있어서 누구나 아는 상식이라면 어떨까? 만일 그렇다면 러셀이 예로 든 주전자의 존재에 대해 어떤 판단이 들까? 화성과 목성 사이에서 주전자가 돌고 있는 일은 얼마든지 가능하니, 반대로 그런 주전자가 존재하지 않는다고 주장하는 사람에게 증명의 책임이 있다고 생각하지 않을까?

과학은 자연 현상에 대한 기준norm을 변화시켜 왔다. 과학은 우주를 보는 관점을 바꾸어 가며 각 시대의 사람들이 무엇을 마땅하게 여기고 무엇을 이상하게 여기는지, 판단의 기준을 바꾸어 왔다. 천동설을 믿던 시대에는 지구가 움직인다는 주장이 조롱을 받았고, 생물의 종이 불변한다고 믿었던 시대에는 종이 진화한다는 주장이 비웃음을 샀다. 현대 과학을 배운 우리는 우주의 역사가 100억 년이 넘었고, 장구한 지구 역사에서 생명의 진화가 아름답게 펼쳐졌으며, 사계절과 기후의 변화 그리고 질병을 일으키는 구체적인 원인들을 알고 있다. 앞으로 과학은 인류의 사고를 또 어떻게 바꾸고 확장시킬까?

생명체가 지구에만 존재한다면 우주의 거대한 공간은 낭비라고 생각하는 사람들이 많다. 우주의 크기가 100억 광년이 넘고 수천억 개의 별로 구성된 은하들이 최소한 수천억 개나 존재한다는 사실이 상식이 되면서 외계 생명체에 대한 관점도 바뀌었다. 저 넓은 우주 어딘가에는 지구처럼 생명체가 서식하는 행성들이 존재하고 그중에는 문명을 가진 지성적 외계인이 있을지도 모른다는 생각은 천문학을 조금 맛본 사람들에게 이제 일반적인 생각이 되었는지도 모른다.

최근의 외계 행성 연구 결과들은 이러한 생각을 강력하게 이끌어 상식으로 만들어 가고 있다. 30년 전에는 별들도 태양처럼 목성이나 화성 같은 행성을 거느리고 있을지 아무도 명확하게 답할 수 없었다. 그러나 이제는 지구처럼 생명체가 서식할 조건을 가진 외계 행성들이 무척이나 많다는 사실이 잘 알려졌다.

2021년 여름 현재 확인된 외계 행성의 숫자는 4,000개가 넘는다. 태양 근처의 가까운 별들만 탐색한 결과다. 수천억 개의 별로 구성된 우리 은하에 존재하는 행성의 숫자는 별들의 숫자보다 많을 것으로 기대되며 그중에서 지구형 행성의 숫자는 100억 개가 넘을 것으로 추정된다.

이러한 새로운 지식은 외계 생명체가 존재한다는 주장이 엉뚱하지 않다고 우리를 설득한다. 더군다나 100억 년이 넘는 우주 역사에서 진화를 거쳐 문명을 이룩한 외계 문명이 존재할 가능성을 그저 무시할 수는 없다. 그 외계 지성인들이 우주를 탐험하며 탐사선과 같은 어떤 인공적 흔적을 남겼고 그것을 우리 지구인이 우연히 발견하게 되었다는 주장도 그리 터무니없는 주장은 아니라는 생각에까지 이른다.

이 책의 저자는 바로 그렇게 주장한다. 그의 논지는 크게 두 가지다. 우선 2017년에 발견된 오무아무아는 독특한 물리적 특성을 가졌으며, 혜성이나 소행성으로 설명되지 않는다. 현재의 천체 물리학 지식으로는 이 물체의 정체를 밝힐 수가 없다. 오무아무아는 아직 우리가 모르는 형태의 혜성이나 혹은 소행성일 수도 있고 외계 문명의 탐사선일 수도 있다. 두 가지 가능성은 각각 배제할 수 없다.

저자는 '오컴의 면도날'을 들이대며 외계 문명의 탐사선일 가능성이 훨씬 간단한 설명이라고 주장한다. 물론 이것만으로는 설득력이 약하다. 러셀이 예로 들었던 화성과 목성 사이의 주전자처럼, 가능성을 배제할 수는 없지만 터무니없는 주장처럼 들린다.

하지만 두 번째 논점은 이 주장을 상당히 설득력 있게 만든다. 그것은 바로 지구형 행성의 숫자가 엄청나게 많다는 사실, 그리고 그만큼 외계 문명이 많을 수 있다는 추정이다. 저자는 이러한 최근 외계 행성 연구의 결과를 바탕으로 자연 현상으로는 설명되지 않는 오무아무아를 외계 문명의 탐사선이라고 주장한다.

뛰어난 과학자인 저자의 내적 논리는 탄탄하다. 하지만 입증되지는 않는다. 혜성과 소행성에 관해 아직 모르는 것이 너무나 많음을 상기하면 오무아무아는 아마도 새롭게 밝혀야 할 자연 현상에 그칠 가능성이 높다. 외계 생명체가 존재하고, 외계 문명이 우주 탐사를 하고 있으며, 그 흔적을 우리 지구인이 발견할 가능성을 다 인정한다고 해도, 2017년에 발견된 오무아무아가 바로 그 흔적이라고 딱 잘라 말할 수는 없다. 외계 생명과 문명에 대한 우리의 관점이 바뀌었고 그래서 이런 주장이 더 이상 터무니없는 건 아니라고 해도, 과학적 확실성은 상당한 증거를 요구한다. 결국 답은 우리의 생각이 아니라 우주에 있다고 보는 까다로운 과학자들에게 저자의 주장은 하나의 시나리오 이상이 되기 어렵다.

그러나 이 지점에서 펼쳐지는 저자의 주장이 흥미롭다. 다중 우주론을 예로 들며 증거가 하나도 없는 다중 우주를 수용하는 반면, 오무아무아가 외계 문명의 흔적이라는 주장은 터무니없다고 평가 절하하는 사람들을 그는 신랄하게 비판한다. 대중 과학서에 단골로 등장하며 인기를 끄는 다중 우주론은 우주가 하나가 아니라 수없이 많이 존재한다는 이론이다. 엄밀히 말하면 다중 우주론은 아직 과학적 입지를 굳히지 못했다. 관측적 증거도 전무하고 이론적으로도 탄탄한 체계를 갖고 있지 못하다. 그럼에도 일부 과학자들은 다중 우주론을 지지한다. 하지만 관측적 증거를 중요하게 여기는 과학자들은 다중 우주론에 대해서 회의적이다. 결국은 증거가 답을 줄 것이다.

저자는 다중 우주론의 증거보다 외계 문명의 증거를 발견하는 일이 더 가능성이 높다고 주장한다. 다중 우주론은 쉽게 인정하면서 외계 문명의 흔적은 인정하지 않는 태도가 오히려 이중적이고 모순이라고 비판한다. 엉뚱하게 들리는 주장을 펼치며 과학계의 편견을 비판하는 그의 모습에 박수를 보낸다. 그 주장이 맞든 틀리든 다른 목소리를 내는 일 자체가 반갑기 때문이며 그의 비판에 과학자들은 겸허한 모습을 보여야 하기 때문이다. 다양한 생각과 비판적 목소리는 결국 과학을 변화시키는 동력이 된다.

논쟁의 과정을 따라가며 책을 읽는 독자들에게 이 책은 과학이 무엇인지 다시 생각해 볼 기회를 제공한다. 과학은 교과서에 새겨진 고정된 지식이 아니다. 과학은 우주와 세상을 보는 우리의 관점이며 새로운 증거가 등장함에 따라 역동적으로 진화한다. 그 과학은 시대의 기준을 바꾸고, 우리의 상식을 바꾼다. 오무아무아가 외계 문명의 흔적이라는 저자의 주장에 동의하든 동의하지 않든 간에 이 책은 많은 영감과 생각거리를 던져 준다. 미지의 현상과 제한된 데이터를 앞에 두고 과학이 그리는 큰 그림에 어떻게 이 현상을 엮어 넣을 것인지 고민하는 한 과학자의 사고가 변화하는 과정을 흥미롭게 좇아가며 과학이 무엇인지 깊이 통찰하는 과정에 여러분을 초대한다.

들어가면서

기회가 있다면 잠깐 밖으로 나가서 우주를 우러러보라. 밤이 가장 좋지만 우리가 알아볼 수 있는 유일한 천체가 한낮의 태양뿐이라 해도, 우주는 언제나 그곳에서 우리의 관심을 기다리고 있다. 그냥 올려다보기만 해도 당신의 관점이 달라지는 데 도움이 될 것이다.

우주가 가장 잘 보이는 시간은 밤이지만 이는 우주의 한계 때문이 아니다. 오히려 인간의 한계 때문이라 할 수 있다. 우리는 주로 낮에는 할 일에 파묻혀 바로 몇 미터 앞에 있는 것에만 신경을 쓰면서 대부분의 시간을 보내고 있다. 하지만 밤에는 지상에 얽매인 염려가 사그라지고 달과 별, 은하수 그리고 운이 좋으면 스치는 혜성이나 위성의 장엄함을 뒤뜰 망원경이나 심지어 맨눈으로도 볼 수 있게 된다.

우리가 애써 올려다보아야만 보이는 것들은 유사 이래 인류에게 영감을 불어넣어 왔다. 실제로 최근 추정에 따르면 유럽 곳곳에 있는 4만 년 전 동굴 벽화는 먼 조상들이 별을 추적해 왔음을 보여 준다. 시인부터 철학자까지, 신학자부터 과학자까지 우주는 경외감과 행동, 문명의 진보를 촉발해 왔다. 결국 천문학의 발생이 니콜라우스 코페르니쿠스, 갈릴레오 갈릴레이, 아이작 뉴턴의 과학 혁명을 촉발해 지구를 물리적 우주의 중심에서 벗어나게 했다. 이 과학자들은 우리 세계의 자기 비하적 관점을 옹호한 최초의 사람들은 아니지만, 이전 철학자나 신학자와는 달리 증거로 뒷받침되는 가정에 의존했다. 그것이야말로 인류 문명의 진보를 가늠하는 시금석이 되었다.

* * *

나는 거의 늘 우주를 향한 왕성한 호기심을 가지고 일했다. 직접적이든 간접적이든 지구 대기 밖에 있는 모든 것이 일상 업무의 시야 안에 있었다. 이 글을 쓰는 시점에도 나는 하버드 대학 천문학과장이자 하버드 블랙홀 이니셔티브 창립 이사, 하버드-스미스소니언 천체 물리학 센터 안의 이론 및 계산 연구소ITC 이사, 브레이크스루 스타샷 이니셔티브Breakthrough Starshot Initiative(돛단배형 초소형 우주 탐사선 1,000대를 우리 태양계에서 가장 가까운 외계 행성계인 알파 센타우리로 보내는 프로젝트. –옮긴이) 의장, 국립 아카데미의 물리 및 천문학 이사회장, 예루살렘 헤브루 대학의 디지털 플랫폼 '아인슈타인: 불가능의 시각화'(아인슈타인의 업적을 21세기 이후의 혁신 및 실용화와 연계시키는 디지털 체험형 전시 플랫폼. –옮긴이) 자문위원, 대통령 과학 기술 자문단원으로 일하고 있다. 운 좋게도 탁월한 재능을 가진 학자, 학생들과 함께 우주의 가장 심오한 질문들에 대해 숙고할 수 있었다.

이 책은 그런 심오한 질문들 가운데 분명 가장 중요한 질문에 맞서고 있다. 우리는 외톨이인가? 시대에 따라 이 질문의 표현은 달라져 왔다. 이 지구 생명체가 우주에서 유일한 생명체일까? 이 광대한 시공간에서 오직 인간만이 유일한 지성체인가? 이 질문을 좀 더 정확하게 표현하면 다음과 같을 것이다. 팽창하는 공간 전부와 우주의 생애 주기 전체를 통틀어 현재 또는 이전에 우리와 같은 지성적 문명이 별들을 탐험하고 그 노력의 증거를 남겨 놓았을까?

나는 마지막 질문에 대한 답이 '예'라는 가설을 뒷받침하는 증거가 2017년에 우리 태양계를 통과했다고 믿는다. 이 책은 그 증거를 살펴보고, 그 가설을 시험한다. 그리고 과학자들이 그것에 대해 초대칭, 추가 차원, 암흑 물질의 본질 및 다중 우주의 가능성 같은 것에 대한 추측과 동등한 정도의 신뢰를 준다면 어떤 결과가 뒤따를 수 있을지 묻는다.

한편 이 책은 다른 질문도 던지는데, 어떤 면에서는 더 어려운 것이다. 우리는, 과학자와 일반인 모두는 준비가 되었는가? 증거로 뒷받침되는 가설을 통해 도출된 타당한 결론, 즉 지구 생명체는 유일하기는커녕 대단하지도 않다는 결론을 우리가 받아들였을 때 뒤따를 여파에 인류 문명은 맞설 준비가 되었는가? 나는 그 답이 '아니오'인 것이 두렵고, 그런 편견이 우세할까 봐 걱정이다.

* * *

많은 분야에서 그렇듯이 익숙지 않은 것에 맞닥뜨렸을 때 대세를 따르는 경향과 보수주의는 과학계 전반에서도 명백하다. 그 보수주의는 칭찬할 만한 본능에서 비롯된다. 과학적 방법은 합리적인 조심성을 장려한다. 우리는 가설을 만들고 증거를 모으고 그 가설을 얻은 증거와 맞는지 시험한 다음, 가설을 가다듬거나 더 많은 증거를 모은다. 그러나 유행은 특정 가설을 고려하는 데 방해가 될 수 있으며, 보신주의는 몇몇 주제에만 관심과 자원이 쏠리게 하고 다른 주제로부터는 멀어지게 할 수 있다.

대중문화는 도움이 되지 않는다. 과학 소설과 영화가 외계 지성체를 묘사하는 방식은 과학자라는 사람들이 대부분 실소할 만한 정도다. 외계인이 지구의 도시들을 초토화하거나, 인간의 몸을 강탈하거나 혹은 고문에 가까울 정도의 엇나간 수단으로 우리와 소통을 시도한다. 외계인은 악의적이든 호의적이든 초인적 지혜를 소유하고 시공간을 조작해서 눈 깜짝할 사이에 이 우주를 (때로는 다중 우주를) 누빌 수 있을 정도로 발달한 물리학을 가지고 있다. 이 기술로 태양계, 행성 심지어는 지성체로 가득한 동네 술집도 돌아다닌다. 나는 결국 물리 법칙이 적용되지 않는 장소가 딱 둘뿐이라고 믿게 되었다. 하나는 특이점이고 다른 하나는 할리우드다.

개인적으로 물리 법칙에 어긋나는 과학 소설을 좋아하지 않는다. 과학을 좋아하고 소설도 좋아하지만 정직하고 꾸밈없을 경우에 한한다. 직업상 외계인에 대한 선정적 묘사로 대중과 과학 문화를 호도해서 외계 생명체를 진지하게 논의하는 일을 웃어넘기게 할까 봐 우려한다. 이 주제는 논의할 만한 가치가 있음을 알려 주는 증거가 명백하기 때문이다. 사실 이는 현재 우리가 과거 그 어느 때보다 더 논의해야 할 주제이다.

우리가 우주에서 유일한 지성체인가? 과학 소설적 설명

들은 '아니오'라고 대답하며 폭발과 함께 그들이 도착할 것이라고 기대하게끔 우리를 훈련시켰다. 과학은 이 질문을 완전히 피하는 경향이 있다. 그 결과 인류는 처참할 정도로 외계의 상대와 만날 준비가 안 되어 있다. 엔딩 크레딧이 올라간 뒤 영화관을 나와 밤하늘을 우러러보면 그 대조가 거슬릴 정도다. 머리 위로는 거의 텅 빈, 생명이 없어 보이는 공간이 보인다. 하지만 겉보기는 눈속임일 수 있으며, 우리는 스스로를 위해서라도 더 이상 속아 넘어가서는 안 된다.

* * *

제1차 세계 대전 이후를 관조하는 시 〈텅 빈 사람들The Hollow Men〉에서 T. S. 엘리엇은 "세상은 이렇게 끝난다/쾅 소리가 아니라 흐느낌과 함께"라고 읊는다. 이 몇 마디 말로 엘리엇은 그때까지 인류 역사에서 가장 참혹했던 전쟁의 참상을 포착해 낸다. 하지만 가장 처음 사랑하게 된 학문이 철학이어서인지 몰라도 나는 엘리엇의 암시적 행간에서 절망 이상의 것을 듣는다.

이 세상은 물론 끝날 것이다, 아마도 확실한 쾅 소리와 함께. 태양은 현재 나이가 46억 년 정도 되었고, 약 70억 년 안에 팽창하는 적색 거성으로 변해 지구 위 생명체를 모두 끝장낼 것이다. 이는 논쟁의 여지가 없으며 윤리적인 문제도 아니다.

엘리엇의 〈텅 빈 사람들〉에서 내가 정말로 들은 윤리적 질문은 과학적으로 원인이 확실한 지구의 종말이 아닌 그 원인이 다소 불확실한 인류 문명의 종말에 초점을 맞추고 있다. 사실상 그 종말은 지구상 모든 생명체의 종말일 것이다.

오늘날 우리 행성은 재앙을 향해 내달리고 있다. 환경 악화와 기후 변화, 전염병 그리고 상존하는 핵전쟁 위험은 우리가 직면한 위협 중 가장 친숙한 것에 지나지 않는다. 우리는 무수히 많은 방법으로 자신의 결말을 위한 무대를 마련했다. 쾅 하고 오거나 훌쩍임과 함께 오거나 또는 둘 다일 수도, 둘 다 아닐 수도 있다. 지금 이 순간 모든 선택지가 테이블 위에 있다.

어떤 길을 선택할 것인가? 이것이 엘리엇의 시가 던지는 윤리적 질문이다.

"쾅 소리가 아니라 흐느낌과 함께." 종말에 대한 이 은유가 어떤 시작들에 대한 진실을 담고 있다면 어떨까? '우리는 외톨이인가?' 라는 질문에 답이 나왔지만, 미묘하고 찰나적이고 애매하다면? 그것을 분별하기 위해 관찰력과 추리력을 최대한 활용해야 한다면? 그리고 이 질문에 대한 대답이 방금 내가 제기한 다른 질문의 열쇠를 쥐고 있다면 지구상 생명체와 우리의 집단 문명이 끝나게 될지, 끝난다면 어떻게 끝날지 궁금하다.

* * *

이어지는 내용에서는 바로 그런 대답이 2017년 10월 19일에 인류에게 주어졌다는 가설을 생각해 볼 것이다. 나는 가설뿐만 아니라 그것이 인류를 향해 담고 있는 메시지와 교훈 그리고 교훈들에 대한 우리의 반응으로 벌어질 수 있는 몇 가지 결과를 진지하게 받아들인다.

생명 기원에서부터 모든 것의 기원에 이르기까지 과학의 질문에 답을 추구하는 행위는 인간이 하는 행위 중에서 가장 거만해 보일지도 모른다. 하지만 그 추구 자체는 겸손한 행위이다. 모든 차원에서 측정하면 각 인간의 삶은 극미하다. 개인적 성취는 오직 여러 세대에 걸친 노력의 결집 안에서만 볼 수 있다. 우리는 모두 앞선 사람들의 어깨 위에 서 있으며, 우리 자신의 어깨는 뒤따를 사람들의 노력을 떠받쳐야 한다. 이를 잊으면 우리도 후세도 위험해진다.

우주를 이해하기 위해 고군분투할 때, 문제는 사실이나 자연법칙에 있는 것이 아니라 우리의 이해력에 있다는 것을 인식하는 데서 겸손이 생긴다. 나는 이를 일찍부터 알고 있었는데, 젊은 시절 철학자가 되려 했던 결과였다. 물리학자로서 초기 훈련을 받는 동안 새삼 그 교훈을 깨달았고, 어쩌다 천체 물리학자가 되니 더욱 깊이 인식하게 되었다. 10대 때는 특히 실존주의자들과 부조리해 보이는 세계에 맞서는 개인에 대한 그들의 관심에 놀랐다. 그리고 천체 물리학자로서 내 생명이, 아니 모든 생명이 우주의 광대한 스케일에 비하면 얼마나 미미한지 특히 잘 알고 있다. 겸손을 가지고 바라볼 때, 철학도 우주도 우리가 더 잘할 수 있다는 희망을 북돋아 준다. 모든 국가 간의 적절한 과학적 협력과 진정한 전지구적 관점이 필요하기는 하지만 그래도 우리는 더 잘할 수 있다.

나는 또한 인류에게 때때로 자극이 필요하다고 믿는다. 만약 외계 생명체의 증거가 우리 태양계에 나타난다면 우리는 알아차릴 수 있을까? 만약 우리가 중력을 거스르는 배들이 수평선 위로 쾅 하고 나타나는 것을 기대하고 있다면, 다른 식으로 도착하는 미묘한 소리를 놓칠 위험을 무릅쓰고 있는 것은 아닌가? 예를 들어 그 증거가 불활성화되거나 사라진 기술이라면? 가령 10억 년 된 문명의 쓰레기 같은 것이라면 어떨까?

* * *

하버드 대학 신입생 세미나에 참석한 학부생들에게 했던 사고 실험이 있다. 외계 우주선이 하버드 야드Harvard Yard(매사추세츠주 케임브리지에 있는 하버드 대학 캠퍼스의 중심지. –옮긴이)에 착륙했고 외계인들은 우호적이라는 것을 분명히 밝힌다. 많은 지구인 관광객들이 그러하듯이 외계인들도 와이드너 도서관을 방문해 계단에서 사진을 찍고 존 하버드 동상의 발을 만진다. 그러고 나서 외계인들은 우주선을 타고 자신들의 고향 행성으로 가는 편도 여행에 우리를 초대한다. 좀 위험하다는 것을 그들도 인정하지만 어떤 모험이 안 그럴까? 당신은 그 제안을 받아들일 것인가? 그 여행에 참여할 것인가?

거의 모든 학생이 긍정적으로 대답한다. 이 시점에서 나는 사고 실험을 바꾼다. 외계인들은 여전히 다정하지만 이제 인간 친구들에게 자신들의 고향 행성으로 돌아가는 것이 아니라 블랙홀 사건의 지평선 너머로 여행할 것이라고 알려 준다. 이 역시 분명 위험한 제안이지만 외계인들은 가려는 곳에 무엇이 있을지에 대한 이론 모형을 충분히 확신하고 있다. 외계인들이 알고 싶은 것은 이것이다. 당신은 준비되었는가? 당신은 그 여행을 갈 것인가?

거의 모든 학생이 아니라고 대답한다. 둘 다 편도 여행이다. 둘 다 미지와 위험을 수반한다. 그런데 왜 대답이 다를까? 가장 보편적인 이유는 첫 번째 경우, 학생들은 여전히 휴대폰을 사용하여 지구에 남은 친구나 가족들과 그들의 경험을 공유할 수 있을 것이 때문이다. 비록 신호가 지구에 도달하는 데 몇 광년이 걸리더라도 결국에는 가능할 것이다. 그러나 블랙홀 사건의 지평선을 지나 여행하면 어떤 셀카도, 문자도, 정보도, 그것이 얼마나 경이롭든지 간에 보내지 못하게 된다. 한 여행은 페이스북이나 트위터의 '좋아요'를 생산할 것이고, 다른 한 여행은 그러지 못할 것이 분명하다.

이 시점에서 학생들에게 갈릴레오 갈릴레이가 망원경을 통해 본 후에 주장했듯이, 증거에는 승인이 필요 없음을 상기시킨다. 이는 먼 행성에서 얻었든 블랙홀 사건의 지평선 너머에서 얻었든 모든 증거에 적용된다. 정보의 가치는 '좋아요' 숫자에 있지 않고 우리가 그 정보로 무엇을 하는가에 달려 있다.

그러고 나서 나는 학생들이 답을 가지고 있다고 느끼는 질문을 던진다. 우리, 즉 인간이 이 동네에서 가장 똑똑한 아이인가? 그들이 대답하기 전에 이런 말을 덧붙인다. "하늘을 바라보고, 그 대답이 내가 가장 좋아하는 '우리는 외톨이인가'라는 질문에 어떻게 답하느냐에 크게 좌우된다는 것을 생각하라."

하늘과 우주 너머를 사색하는 일은 우리에게 겸손을 가르친다. 우주 공간과 시간은 광대한 스케일을 가지고 있다. 관측 가능한 우주의 부피에는 태양과 같은 별들이 10해垓 개 이상 존재하며, 심지어 우리 중 가장 운 좋은 사람도 태양 수명의 100만분의 1의 1%밖에 살지 못한다. 하지만 겸손이 우주를 더 잘 알기 위한 노력을 막아서는 안 된다. 오히려 겸손은 야망을 높이고, 추정에 도전하는 어려운 질문들을 하고, 그러고 나서 '좋아요'보다 엄밀한 증거를 추구하기 시작하게 우리에게 활기를 불어넣어야 한다.

* * *

이 책이 붙잡고 씨름하는 증거들은 대부분 2017년 10월 19일부터 11일 동안 수집한 것이다. 우리는 처음으로 알려진 성간 방문객을 11일 동안 관찰해야 했다. 이 데이터를 추가 관찰 결과와 함께 분석하면 이 독특한 개체에 대한 추론이 성립된다. 11일은 부족한 시간으로 보인다. 모든 과학자들이 더 많은 증거를 수집했더라면 좋았을 것이라고 생각하고 있지만, 그래도 우리가 가지고 있는 데이터는 상당하다. 그 데이터로부터 많은 것을 추론할 수 있으며, 그 모든 것을 이 책에서 자세히 설명하겠다. 그런데 다음 한 가지 추론만은 데이터를 연구한 모든 사람이 동의한다. 이 방문자는 천문학자들이 그동안 연구해 온 그 어떤 물체보다 이질적이라는 사실이다. 그리고 관찰한 특징들을 모두 설명하기 위해 제시된 가설들도 그만큼이나 이질적이다.

이러한 특징들을 가장 간단하게 설명하면 이렇다. 그 물체는 이 지구가 아닌 지적인 문명에 의해 창조되었다. 물론 가설이지만 완전히 과학적인 가설이다. 그러나 가설에서 끌어낼 수 있는 결론은 과학적이지만은 않으며, 그 결론에 비추어 우리가 취할 수 있는 행동도 마찬가지다. 그 이유는 나의 단순한 가설이 인간이 그동안 답하려 한 가장 심오한 질문, 즉 종교와 철학 그리고 과학적 방법의 렌즈를 통해 바라본 질문 중 몇 가지를 열어젖히기 때문이다. 그 질문들은 인간 문명에서 중요한 모든 것과 이 우주의 모든 생명과 관련 있다.

사실 몇몇 과학자들은 내 가설이 유행에 맞지 않고 주류 과학을 벗어났으며 심지어 위험할 정도로 오해의 소지가 있다고 생각한다. 하지만 우리가 저지를 수 있는 가장 끔찍한 실수는 그 가능성을 심각하게 받아들이지 않는 것이라고 믿는다.

그럼 이제 설명하겠다.

1장 탐색자

✳

우리가 그 존재를 알기 오래전부터, 그 물체는 우리를 향해 오고 있었다. 겨우 25광년 떨어진 항성인 베가Vega 방향으로부터 온 그 물체는 2017년 9월 6일 우리 태양계 안의 모든 행성이 태양 둘레를 도는 궤도면과 마주쳤다. 그러나 극단적인 쌍곡선 궤적 덕분에 그 물체는 태양계에 머물지 않고 그저 지나치기만 할 것이 확실했다.

2017년 9월 9일 그 물체는 근일점, 즉 궤적에서 태양에 가장 가까워지는 지점에 도달했다. 그 뒤로 태양계를 벗어나기 시작했다. 그 물체는 우리 별과의 상대 속도가 시속 약 9만 4,800km나 되어서, 태양 중력으로부터 탈출 가능한 속도를 훨씬 넘어섰다. 그 물체는 9월 29일경 금성의 궤도면을 통과했고 10월 7일경 지구 궤도면도 통과하여 페가수스

자리와 그 너머의 암흑을 향해 쾌속으로 이동했다.

그 물체가 성간 우주로 빠르게 되돌아갈 때까지 인류는 그 물체의 방문 사실조차 알지 못하고 있었다. 우리는 그 물체가 도착한 것을 의식하지 못했고 이름도 붙이지 못했다. 다른 누군가나 무언가가 알았을지 몰라도, 우리는 그 물체가 무엇이었는지 몰랐고 지금도 모른다.

그 물체가 우리를 지나갈 때 딱 한 번, 지구의 천문학자들은 떠나가는 손님을 흘끗 보았다. 우리는 그 물체에 몇 가지 공식 명칭을 할당했고, 마침내 '1I/2017 U1'으로 결정했다. 그리고 이제 우리 과학계와 대중에게는 그냥 오무아무아로 알려지게 될 것이다. 이 물체를 포착한 망원경의 지리적 위치가 반영된 하와이식 이름이다.

* * *

하와이 제도는 태평양의 보석으로 전 세계 관광객들을 끌어들인다. 그러나 천문학자들에게는 이 제도가 매력적인 이유가 한 가지 더 있다. 하와이 제도는 우리의 최첨단 기술을 증명하는 가장 정교한 망원경들이 있는 곳이다.

하와이의 최첨단 망원경 중에는 판스타스Pan-STARRS (Panoramic Survey Telescope and Rapid Response System, 파

노라마 측량 망원경 및 신속 대응 시스템)를 구성하는 것들이 있는데, 이 시스템은 망원경과 고해상도 카메라의 네트워크로 마우이섬의 대부분을 차지하는 휴화산인 할레아칼라 꼭대기에 있는 전망대에 자리 잡고 있다. 그 망원경 가운데 하나인 판스타스 1은 지구에서 가장 고화질 카메라를 가지고 있으며, 온라인으로 연결된 이 전체 시스템은 태양계 안에서 지구와 가까운 혜성과 소행성 대부분을 발견했다. 그런데 판스타스의 또 다른 공이 있다. 판스타스가 수집한 데이터로 우리에게 오무아무아의 존재를 최초로 귀띔해 준 것이다.

10월 19일 할레아칼라 천문대의 천문학자 로버트 웨릭Robert Weryk은 판스타스가 수집한 데이터에서 오무아무아를 발견했다. 이미지들은 이 물체를 하늘을 가로질러 질주하는 빛의 점으로 보여 주었는데, 태양의 중력에 얽매였다고 보기에는 너무 빨리 움직였다. 이를 단서로 천문학계는 웨릭이 최초로 우리 태양계 안에서 탐지된 성간 물체를 발견했다는 데 곧 동의했다. 그러나 우리가 그 물체의 이름을 정했을 때쯤에는 지구에서 3,000만km 넘게, 즉 달보다 약 85배 정도 떨어져 있었고 우리로부터 빠르게 멀어져 갔다.

그것은 이방인으로 우리 곁에 왔지만 그 이상의 무언가가 되어 떠났다. 우리가 이름을 붙인 그 천체가 우리에게 남기고 간 한 무더기의 답할 수 없는 질문들은 전 세계 사람들

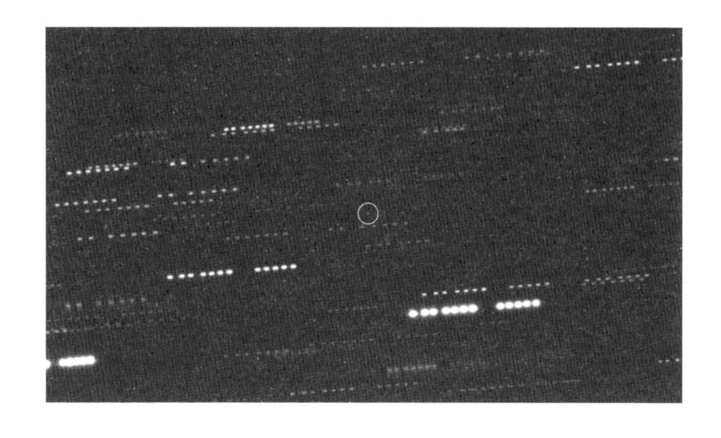

첫 번째 성간 물체인 '오무아무아'가 공간 크기를 갖지 않는 점 광원(카메라에 점으로 찍혀서 어떤 천체인지 식별이 불가능한 광원. 보통 먼 항성이나 퀘이사일 경우가 많다. - 옮긴이)이라는 의미로 망원경 합성 이미지 중심(동그라미로 표시)에 있다. 그 주위를 희미한 별들의 궤적이 둘러싸고 있는데, 이들이 일련의 점들로 얼룩져 보이는 것은 망원경이 움직이는 '오무아무아'를 추적하며 스냅숏을 찍었기 때문이다. ESO/K. Meech et al.

의 상상력뿐만 아니라 과학자들의 정밀 조사와도 긴밀히 연관되어 있다.

하와이어 **오무아무아**'Oumuamua를 번역하면 대략 '탐색자'라는 뜻이다. 국제 천문 연맹IAU은 이 천체의 공식 명칭을 발표하면서 **오무아무아**를 "먼 곳에서 온 첫 번째 전령사"[1]라고 약간 다르게 정의했다. 어느 쪽이든 그 이름은 그 천체가 다른 것들보다 먼저 왔다는 사실을 분명히 암시한다.

* * *

언론은 오무아무아를 '괴이하다', '미스터리하다', '낯설다'고 했다. 그런데 무엇에 비해서 그렇다는 것일까? 간단히 말해서 이 탐색자는 이전에 발견된 모든 혜성 및 소행성들과 비교했을 때 괴이하고 미스터리하고 낯설었다.

사실 과학자들은 이 탐색자가 혜성인지 소행성**인지조차** 확실히 말할 수 없었다. 비교할 잣대가 없었던 것은 아니다. 소행성, 즉 우주를 질주하는 메마른 바위는 매년 수천 개가 발견되고 있고 태양계 얼음 혜성의 숫자는 우리의 관측기기들이 셀 수 있는 것보다 더 많다.

성간 방문객은 소행성이나 혜성보다 훨씬 드물다. 사실 오무아무아를 발견할 때까지 우리는 태양계 밖에서 발원한 천체가 태양계를 통과하는 것을 본 적이 없었다.

하지만 이 특별함은 금세 사라졌다. 오무아무아가 확인된 뒤 바로 두 번째 성간 천체가 발견되었기 때문이다. 앞으로는 곧 만들어질 베라 C. 루빈 천문대의 대형 종관 탐사 망원경Legacy Survey of Space and Time 프로젝트 덕분에 더욱 많은 성간 천체를 발견하게 될 것이다. 오무아무아는 어떻게 보면 이런 방문객들을 우리가 볼 수 있게 되기도 전에 마주치게 된 경우다. 통계에 따르면 지구의 궤도면을 가로지르는 성간 천체의 수는 태양계 내에서 발원하는 천체의 숫자와는 비교할 수 없을 정도로 그 규모가 작지만, 그 자체가 특이하지는 않다. 요컨대 우리 태양계가 가끔 희귀한 성간 천체들을 맞이한다는 생각은 경이롭지만, 거기에 미스터리는 없다. 그리고 처음에 오무아무아가 보여 준 평범한 면모들 역시 경이로울 뿐이었다. 2017년 10월 26일 하와이 대학 천문학 연구소에서 오무아무아의 발견이 발표된 직후, 세계 각지의 과학자들은 수집된 기초 데이터를 검토하고 오무아무아의 궤적, 속도, 대략적인 크기(지름 0.4km 미만) 등에 대해 대부분 동의했다. 오무아무아가 우리 항성계 밖에서 유래했다는 것 말고는 초기에 알려진 세부 사항 중 전혀 특이할 것이 없었다.

하지만 얼마 지나지 않아 과학자들이 축적된 데이터를 살펴보는 과정에서 오무아무아의 특이성이 드러났다. 성간 천체라는 점을 제외하면 흔해 빠진 혜성이나 소행성일 것이라는 가정을 의심케 하는 세부 사항들이었다. 실제로 우주에서 새로 발견된 천체의 이름을 짓는 국제 천문 연맹은 이 천체가 발견된 지 불과 몇 주 후인 2017년 11월 중순까지 오무아무아의 명칭을 세 번이나 바꿨다. 처음 국제 천문 연맹은 그 천체를 C/2017 U1이라고 불렀다. C는 **혜성**comet을 뜻한다. 그러고 나서 A/2017 U1로 바꿨는데, A는 **소행성**asteroid을 뜻한다. 마침내 국제 천문 연맹은 1I/2017 U1로 선언했다. I는 **성간**interstellar을 의미한다. 당시 '오무아무아가 성간 공간에서 왔다'는 것은 모두가 동의한 몇 안 되는 사항 중 하나였다.

* * *

과학자는 증거가 이끄는 곳으로 가야 한다는 옛 격언이 떠오른다. 증거를 따르면 겸손해지며, 겸손은 관찰과 통찰을 흐리게 할 수 있는 선입견으로부터 자유롭게 해 준다. 어른이 된다는 것도 마찬가지다. '당신의 모형이 현실을 예측하는 데 있어 높은 성공률을 가지게 될 만큼 경험을 모은 시점'을 어른이라고 정의해도 좋을 것이다. 이를 어린 자녀들에게 어떻게 설명해야 좋을지 아직도 모르겠지만, 그 정의가 그 자체로 미덕을 지니고 있다는 것을 알게 되었다.

이는 실제로 그저 우리 자신이 헛발질을 감수해야 한다는 것을 의미한다. 편견을 버려라. 오컴의 면도날을 휘두르며 가장 간단한 설명을 구하라. 실패한 모형은 기꺼이 버려라. 사실과 자연법칙에 대한 우리의 이해가 불완전하므로 버려지는 모형들이 불가피하게 있기 마련이다.

분명히 우주에는 생명체가 있다. 우리 자신이 바로 증거다. 그리고 이는 우리가 우주에 존재할 수 있는 혹은 존재했을 수도 있는 다른 지성체의 행동과 의도를 궁금해할 때 참고할 만한 방대하고 강렬하며, 때로는 고무적이고 때로는 섬뜩한 데이터 집합을 인류가 제공한다는 것을 의미한다. 지적 생명체 가운데 우리가 유일하게 깊이 연구한 사례인 인간은 우주에서 과거, 현재, 미래의 다른 모든 지성체의 행동에 관한 단서들을 많이 가지고 있을 가능성이 매우 높다.

나는 물리학자로서 우리의 이 작은 행성에서 우리 자신의 존재를 지배하는 물리 법칙이 온 우주에도 편재한다는 사실에 충격을 받았다. 우주를 내다보며 여기 지구에서 발견되는 자연법칙이 우주의 가장자리에까지 적용되는 것 같다는 사실을 알고 그 정연함에 경외감을 갖게 된다. 그리고 나는 오무아무아가 등장하기 훨씬 전부터 당연할 수밖에 없는 생각을 품었다. 이러한 자연법칙의 편재성은 만약 다른 곳에 지성체가 있다면 그 가운데는 이런 편재된 법칙을 인식하고, 그 증거가 이끄는 대로 열정적으로 이론을 세우고, 데이터를 모아서 이론을 시험하고, 정련하고, 다시 시험하는 존재가 거의 확실히 있다는 것을 시사한다는 생각이다. 그리고 결국 인류가 그랬듯이 그들도 탐험할 것이다.

우리 문명은 다섯 개의 인공 천체를 성간 우주로 보냈다. 보이저 1호와 보이저 2호, 파이오니어 10호와 파이오니어 11호 그리고 뉴 허라이즌스이다. 이 사실만으로도 멀리까지 모험을 할 수 있는 우리의 무한한 잠재력을 보여 준다. 더 먼 우리 조상들이 한 행동도 그렇다. 수천 년 동안 인간은 종종 자신이 무엇을 찾을지, 심지어는 돌아올 수 있을지조차 알 수 없는 충격적일 정도의 불확실성을 안고 다른 삶, 더 나은 삶을 찾기 위해 또는 단지 호기심에서 지구의 가장 먼 곳까지 여행했다. 시간이 흐르면서 우리의 확실성은 상당히 증가(우주 비행사들은 1969년에 달로 여행했다)했지만 그 과업의 취약성은 여전하다. 달 탐사선을 탄 우주 비행사들의 안전을 지켜 준 것은 종이 한 장 두께밖에 안 되는 외벽이 아니라 탐사선 제작을 가능하게 한 과학과 공학이었다.

만약 다른 문명들이 별들 사이에서 발전했다면 그들 역시 탐험을 하고 싶다는, 새로운 것을 찾기 위해 친숙한 지평을 넘는 모험을 하고 싶다는 충동을 느끼지 않았을까? 인간의 행동으로 판단하건대 그것은 조금도 놀라운 일이 아닐 것이다. 어쩌면 이 존재들은 무한히 펼쳐진 우주 공간을 여행하는 일을 지금 우리가 지구에서 행성을 횡단하는 일만큼이나 편하게 여길 정도로 성장했을지도 모른다. 우리 선조들이 **여정**이나 **탐험** 같은 단어로 표현했던 거리를 오늘날에는 휴가로 간다.

2017년 7월 나는 아내 오프릿과 두 딸 클릴, 로템과 함께 하와이에 있는 인상적인 천문대들을 둘러보았다. 하버드대학 천문학과장으로서 천문학의 재미를 대중에게 전달하고자 기획된 하와이 빅아일랜드 강연에 초청받았는데, 그 참가자 중 몇몇은 휴화산 마우나케아에 차세대 대형 망원경을 추가 건설하는 데 항의했다. 나는 기쁜 마음으로 그 초청을 받아들였고, 이번 기회에 최첨단 망원경이 있는 마우이를 비롯해 여러 하와이섬 가운데 몇 곳을 방문하기로 했다.

내 강연의 주제는 우주에서 거주 가능성과 앞으로 수십 년 안에 외계 생명체의 증거를 발견할 가능성에 관한 것이었다. 그리고 일단 외계 생명체가 있다는 증거가 발견되면, 인류는 스스로 그렇게 특별하지 않다고 인식할 수밖에 없을 것이라고 말했다. 내 강연을 다룬 지역 신문의 헤드라인은 이 아이디어를 다음과 같이 잘 담아냈다. "겸손해지세요, 지구인들."

강연은 (지구인들에게는 아직 알려지지 않았던) 오무아무아가 화성 궤도면을 통과하기 한 달 조금 전에 있었다. 강연 장소는 내가 하와이 여행에서 방문한 망원경 중 하나이자 기술적 기적인 판스타스 1에서 불과 몇 킬로미터 떨어지지 않은 곳에 있었다. 3개월 후 판스타스가 수집한 데이터는 오무아무아의 발견으로 이어졌다.

* * *

최초의 판스타스 망원경인 판스타스 1은 2008년 온라인에 접속되었다. 할레아칼라 정상에는 50년 전인 1958년에 세워진 다른 망원경이 있었지만 별을 연구하는 데 사용되지는 않았다. 당시 소련 인공위성은 살아 있는 위협 그 자체였고 미국은 소련을 따라잡길 원했다. 판스타스는 그와는 다른 목표를 가지고 있었다. 지구와 충돌할 위험이 있는 혜성과 소행성을 탐지하는 것이었다. 그런 이유로 2008년 이후 판스타스는 점점 더 정교해졌다. 몇 년에 걸쳐 더 많은 망원경이 추가되었는데, 가장 중요한 것은 2014년에 완전하게 작동하게 된 판스타스 2이다. 집합적으로 판스타스라고 불리는 이 망원경들은 혜성, 소행성, 폭발하는 별 등을 탐지하면서 우리 위 하늘을 계속 지도로 그리고 있다.

요컨대 지나간 냉전은 그렇게 복잡하고 기술적으로 풍요로운 전망대를 가동시키는 데 도움을 주었고, 덕분에 수십 년 후 휴화산 꼭대기의 차갑고 맑은 대기 속에서 이 특별한 망원경이 관측을 시작한 지 불과 몇 년 만에 머리 위로 지나가는 오무아무아를 감지할 수 있었다.

우연이 지닌 자기 충족적 특성에 감명받기는 쉽다. 그러나 우연이란 오해를 불러일으킬 수 있다. 인류 역사상 많은 분야에서 사람들은 원인을 명확히 알 수 없는 사건들을 이해하기 위해 신비적 혹은 종교적 설명으로 눈을 돌렸다. 나는 문명의 청소년기 초반에도 인류의 모형이 현실을 예측하는 성공률을 높일 수 있을 만큼 경험을 수집한 상태였다고 생각하고 싶다. 인류는 역사 시대를 지나면서 서서히 성인기로 접어들었다고 말할 수 있을지도 모른다.

사실 인생에서 사건은 대부분 여러 원인이 겹쳐진 결과로 일어난다. 이는 일상적인 예(당신이 앞에 있는 그릇에 담긴 수프를 먹을 때)와 특별한 예(그러니까 모든 것의 기원) 모두에 해당한다. 그리고 또 아주 개인적인 사건(예를 들면 소개팅이 결혼으로 이어져서 낳은 두 딸이 하와이에서 휴가를 보내기를 열망하는 일)에서부터 전 지구적 사건(예를 들면 그해 10월에 11일간 우리 망원경이 태양계 밖에서 유래한 천체를 발견할 매우 실제적인 가능성)에까지 이를 수 있다.

* * *

우리 가족은 휴가를 마치고 매사추세츠주 보스턴 외곽에 있는 집으로 돌아왔다. 100년 된 이 집은 내가 자란 이스라엘의 농장과 많은 점에서 크게 다르다. 그러나 나의 자연에 대한 사랑과 우리와 함께 자라고 살아가는 것들 가운데 있어야 할 나의 필요를 채워 준다는 점에서는 같다.

저녁에 집 근처 숲을 산책하면서 우리 집 뒷마당까지 가지가 뻗어 있는 커다란 나무 하나가 쓰러지는 것을 목격했다. 먼저 금이 가는 소리가 났고 그러고 나서 나무가 부러지며 쓰러졌다. 나무는 속이 비어 있었다. 조직 대부분이 이미 수년 전부터 죽어 있었는데, 그날 그 시간에 더는 바람에 견디지 못했던 것이다. 마침 나는 그곳에 있었기에 나무의 종말을 볼 수 있었다. 내가 목격했지만 통제할 수는 없는 인과의 사슬이었다.

하지만 우리의 행동은 좀 더 유리한 상황에서 차이를 만들 수 있다. 10년 전쯤 우리 가족이 처음 렉싱턴으로 이사 왔을 때, 나는 마당에 있는 어린나무에서 부러진 나뭇가지를 발견했다. 지역 정원사는 거의 절단된 그 가지를 잘라 내라고 충고했다. 그런데 자세히 살펴보니 아직 살아 있는 섬유들이 나무와 연결되어 있었다. 나는 절연 테이프로 나뭇가지를 한데 묶는 쪽을 선택했다. 현재 그 나뭇가지는 내 머리를 훨씬 넘어섰지만 절연 테이프는 눈높이에 머물러 있다. 나무는 우리 집 창문에서도 보인다. 나는 딸들에게 자그마한 행동이 놀랄 만한 결과를 가져올 수 있다는 것을 상기시키기 위해 그 나무를 가리킨다.

우리는 희망찬 결과를 기대해서 몇몇 중대한 결정을 내린다. 하지만 내가 그 나뭇가지를 고친 이유는 좋아질 것이라는 기대뿐만이 아니라 반복된 경험 때문이었다.

2장 농장

*

내 가장 이른 기억 가운데 하나는 초등학교 1학년 첫날 조금 지각했던 일에 관한 것이다. 교실로 들어가자 아이들은 마구 달리며 의자 위는 물론 심지어 책상 위로도 뛰어오르고 있었다. 아수라장이 따로 없었다.

내 반응은 호기심이었다. 나는 친구들을 보며 생각했다. '나도 저기에 끼어야 하나? 저렇게 행동하는 것이 합리적일까? 왜들 저러고 있을까? 굳이 나까지?' 나는 잠시 문 옆에 서서 나름대로 이 물음들을 통해 어떻게 해야 할지 생각해 보려 했다.

잠시 뒤에 선생님이 교실로 들어왔다. 언짢아 보였다고 말한다면 많이 절제한 표현일 것이다. 선생님이 바라던 시작은 아니었다. 권위를 세우고 학생들을 진정시키려 노력하던 선생님은 나를 보고 상황을 바로잡을 기회라고 여겼다. “아비의 행실이 얼마나 좋은지 보렴.” 선생님은 반 아이들에게 말했다. “아비를 본받을 수 없겠니?”

내 차분함은 미덕의 표출이 아니었다. 나는 조용히 서서 선생님을 기다리는 행동이 올바르다고 판단했던 것이 아니었다. 그냥 그 북새통에 내가 끼어도 되는지 미처 파악하지 못했을 뿐이었다.

나는 선생님께 이를 말하고 싶었지만 하지 않았는데, 이제 와 생각해 보니 불행한 일이었다. 반 친구들이 내 행동에서 배워야 했던 교훈, 내가 마침내 스스로 터득하고 그 뒤로 내 학생들에게 가르치고자 했던 교훈은 군중을 따라야 한다거나 따르지 말아야 한다는 것이 아니라 행동하기 전에 상황을 파악할 시간을 가져야 한다는 것이었다.

신중, 거기에는 불확실성에서 비롯된 겸손이 있다. 이 또한 내가 하버드 대학의 학생들에게 그리고 내 딸들에게 심어 주고자 했던 삶을 향한 태도이다. 그리고 결국 부모님이 나에게 심어 주려 했던 태도이기도 하다.

* * *

나는 이스라엘 베이트 하난Beit Hanan에 있는 우리의 가족 농장에서 자랐는데, 마을은 텔 아비브에서 남쪽으로 약 25km 떨어진 곳에 있었다. 그곳은 1929년까지 거슬러 올라가는 농업 공동체로, 창립 직후에는 178명이나 되는 주민 수를 자랑했다. 그러나 2018년에 이르기까지 그 숫자는 겨우 548명으로 증가했을 뿐이다. 내가 아이였을 때 마을은 온통 과수원과 온실이었고, 거기서 온갖 과일과 채소, 꽃들을 키웠다. 그곳은 또한 모샤브, 즉 특별한 형태의 마을이기도 했다. 땅을 공동으로 경작하는 키부츠와 달리 모샤브는 자기 자신의 농장을 소유한 개별 가족들로 구성된다.

우리 농장은 넓은 피칸 나무 밭으로 유명했다. 아버지는 이스라엘 피칸 산업의 최고봉이었다. 오렌지와 자몽도 키웠다. 30m가 넘게 자라는 피칸 나무는 탑처럼 어릴 적 나를 압도했지만, 열매가 익으면 특유의 날카로운 향기를 품는 감귤 나무는 3m를 넘는 경우가 드물어서 올라가기 쉬웠다.

과수원을 돌보고 필요한 기계류를 관리하는 것이 숙련된 문제 해결사인 아버지 데이비드의 주된 일이었다. 나는 주로 물건을 통해 아버지를 기억한다. 당신이 정비한 트랙터, 보살핀 과수원의 나무들, 직접 수리한 우리 집과 농장 곳곳의 가전제품들. 특히 1969년 여름 우리에게 아폴로 11호가 달에 착륙하는 장면을 보여 주기 위해서 아버지가 지붕에 올라가 텔레비전 수신이 잘 되는지 확인한 일은 선명한 기억으로 남아 있다.

아무리 아버지가 능력이 있어도 일 자체가 너무 많아 두 누나와 나에게는 매일 집안일이 넘쳐났다. 우리는 닭을 키웠는데, 나는 아주 어릴 때부터 매일 오후 달걀을 모았다. 닭장을 탈출한 솜병아리를 뒤쫓느라 밤에 플래시를 들고 뛰어다닌 적도 많았다.

1960년대와 1970년대 내 생애 초반 수십 년 동안 이스라엘은 위태로운 곳이었다. 제2차 세계 대전 후 유대인 난민으로 인해 그 지역 인구의 약 3분의 1이 급증해서 200만이던 사람 수는 300만을 웃돌 정도로 늘어났다. 대부분은 유럽에서 왔고 홀로코스트의 메아리는 그칠 줄을 몰랐다. 게다가 중동의 아랍 국가들은 이스라엘에 단호히 적대적이었고, 이스라엘은 이스라엘대로 자기 입지를 지키느라 열성이었다. 충돌이 잇달아 일어났다. 1956년 시나이 전쟁 뒤로 1967년 6일 전쟁이 이어졌고, 다시 1973년 욤 키푸르 전쟁이 뒤따랐다. 내 유년기 이스라엘은 짧은 역사에도 근세 및 고대 역사에 흠씬 젖어 있었고, 당시 이스라엘인은 지금도 마찬가지지만 조국이 계속 생존하려면 선택의 결과에 대해 심사숙고해야 한다는 것을 알고 있었다.

그래도 이스라엘은 아름다운 나라였으며, 베이트 하난과 우리의 가족 농장은 아이가 자라기에 훌륭한 곳이었다.

이 자유로운 공기가 파일로 정리해서 책상 맨 위 서랍에 넣어 둔 나의 초기 글과 메모들에 영감을 주었다. 나의 자유로운 사고방식 때문에 문제가 생긴다면 언제든 그리고 아주 기꺼이 어린 시절의 농장으로 돌아갈 수 있다는 생각은 성인이 된 뒤 줄곧 신념으로 남아 있다.

삶은 살았던 장소의 모음이라고 많이들 생각한다. 하지만 그것은 환상이다. 삶은 사건의 모음이고, 사건은 선택의 결과이며, 그 선택 가운데 우리가 고를 수 있는 것은 일부뿐이다.

물론 삶에는 연속성도 있다. 내가 하는 과학은 내 어린 시절과 직선으로 연결되어 있다. 삶의 큰 의문을 궁금해하고, 자연의 아름다움을 즐기고, 과수원과 베이트 하난의 가까운 이웃들 사이에서 내 지위나 위치를 신경 쓰지 않은 순수했던 시간이었다.

* * *

나를 베이트 하난으로 데려온 일련의 인과 관계는 (헤브루어로 나와 이름이 같은) 할아버지 알베르트가 나치 독일로부터 도피를 결정하면서 시작되었다. 할아버지가 뭇사람들보다 명석한 눈으로 대참사의 가능성을 예견해서 올바른 길을 선택하지 않았다면, 제2차 세계 대전이 발발하기 전부터 빠르게 진행되었던 사건들에 떠밀려 끊임없이 선택의 폭이 좁아진 유대인들과 같은 무시무시한 결말이 초래되었을 것이다.

할아버지는 자신은 물론 나에게도 다행스럽게 올바른 선택을 했다. 할아버지는 1936년 독일을 떠나 이제 막 설립된 베이트 하난으로 이주했다. 베이트 하난은 대체로 불안정했고 세계 여러 나라들과 마찬가지로 거세지는 전쟁의 바람에 시달렸지만 농장 공동체는 비교적 안전한 피난처였다. 할아버지가 도착하자마자 할머니 로사와 두 아들이 뒤따라 왔는데, 그중 한 명이 나의 아버지였고 당시 열한 살이었다. 아버지는 독일인에서 유대인 사회로 옮겨 오면서 이름이 게오르크에서 데이비드로 바뀌었다.

어머니 사라도 멀리서 베이트 하난으로 왔다. 어머니는 불가리아의 수도 소피아 근처 하스코보에서 나고 자랐다. 어머니를 독일인이 아닌 불가리아인으로 만든 지리학의 우연이 전쟁 동안 어머니와 외가를 구했다. 불가리아는 비록 나치 정권과 연합했지만 주권을 유지했고, 따라서 유대인들을 독일로 추방하라는 아돌프 히틀러의 거세지는 요구에 저항할 수 있을 만큼의 능력은 유지할 수 있었다. 죽음의 수용소에 관한 소문이 나돌자 불가리아 정교회는 강제 추방에 항의했고, 불가리아 왕은 독일의 요청을 거부하겠다는 결의안을 내놓았다. 명확히 말하자면 왕이 불가리아는 유대인 노동력이 필요하다고 선언함으로써 그렇게 된 것이지만, 그 결과 불가리아의 많은 유대인이 보호받을 수 있었다. 그래서 어머니도 비교적 평범한 어린 시절을 즐길 수 있었다. 어머니는 프랑스계 수도원 학교에서 공부했고 결국 소피아에 있는 대학에 입학했다. 그러나 1948년 전후 유럽이 몰락하고 소련이 서쪽으로 확장하면서 그녀도 학교를 떠나 부모님과 함께 새 나라 이스라엘로 이민했다.

베이트 하난의 초기 설립자들은 불가리아 출신이었으므로 어머니의 가족이 그곳에 오게 되었다는 사실은 그리 놀라운 일이 아니었다. 그러나 농장 마을은 어머니가 떠나온 국제도시나 대학과는 매우 달랐다. 그래도 어머니는 새집에 매력을 느꼈다. 베이트 하난에 온 직후 어머니는 아버지를 만났다. 사랑에 빠졌고 결혼을 했고 세 아이를 낳았다. 나의 두 누나 샤샤나(쇼시)와 아리엘라(렐리)에 이어 1962년 마침내 내가 태어났다.

그 초창기 시절에 어머니는 가족과 공동체를 위해 헌신했다. 어머니는 빵을 잘 굽기로 그 일대에서 유명했고, 내 옷장은 그녀의 뜨개질 솜씨를 증명해 주었다. 한편 상대적으로 고립 상태였던 베이트 하난에서도 어머니는 정신적 삶에 헌신했다. 이 말은 어머니가 단순히 학문적 독서를 즐겼다는 뜻이 아니라 자신의 지성을 세계에 적용하려는 열망을 가졌다는 뜻이다. 그 덕분에 그리고 어머니의 진실성 덕분에 마을의 지도층에서부터 조언을 얻으려 우리 농장에 온 방문객에 이르기까지 어머니를 아는 모든 사람이 그 균형 잡힌 판단을 믿었다. 나는 직접적이고 일상적인 수혜자였다. 어머니는 당신이 내 삶의 길, 선택, 관심사에 얼마나 신경을 쓰는지를 분명히 보여 주었다. 정원사가 식물에 물을 주고 가꾸듯이 어머니는 헌신적이고 꼼꼼하게 자녀의 호기심을 경작했다.

어머니는 자신의 호기심도 키워 냈다. 내가 10대였을 때, 어머니는 대학으로 돌아가 학부 과정을 마쳤다. 그 후 대학원에 진학하여 비교 문학 박사 학위를 받았다. 그렇다고 어머니가 우리와 멀어지는 일은 없었다. 어머니의 격려 덕에 나는 당신의 학부 철학 수업에 참여했고, 어머니의 재촉 덕에 당신의 독서 목록에 있는 많은 책을 읽을 수 있었다.

내가 철학, 특히 실존주의와 사랑에 빠지게 된 계기도 어머니 덕분이었다. 나는 생각으로 생계를 꾸리는 일을 꿈꿨다. 주말이면 조용한 언덕으로 트랙터를 몰고 가서 몇 시간 동안 철학책을 읽곤 했다. 대개 실존주의자들의 저서였지만 때로는 그들이 쓰거나 영감을 준 소설도 있었다.

* * *

이렇게 평온했던 가족 농장 시절부터 나는 인류가 거주할 수 있는 행성을 찾아 문명의 전초 기지를 건설하게 된다면 그곳에 거주하는 사람들은 베이트 하난 사람들과 같은 모습, 같은 행동을 보일 것 같다는 생각을 하곤 했다. 인류 역사에서 알 수 있듯이 문명의 전초 기지를 즉각 건설해야 하는 필요는 끊임없이 되풀이된다.

필연적으로 그들은 식량 재배와 함께 가장 연장자부터 어린이까지 서로 돕는 집단적 노력에 초점을 맞출 것이다. 그들 각각이 다재다능해서 기계를 수리, 개량하고, 농작물을 경작하고, 어린이들을 교육시킬 수 있어야 할 것이다. 나는 또한 그들이 아무리 외진 곳에 있다 해도 정신적 삶을 수용할 거라고 믿는다. 그리고 아이들은 성인이 되면 내가 그랬던 것처럼 사회에 의무적으로 봉사해야 할 것이다.

철학자가 되어 인류가 영겁에 걸쳐 씨름했던 근본 문제들을 일부나마 해결하려 한 내 계획은 이스라엘이 18세 이상의 모든 시민을 징집하면서 연기되었다. 모든 사람이 복무 대상이 되었다. 고등학교 때 물리학에서 장래성을 보여 주어 나는 탈피오트에 선발되었다. 해마다 수십 명을 뽑아 강도 높은 군사 훈련과 함께 국방 관련 연구에 종사시키는 새로운 프로그램이었다. 내 학문적 야망은 제쳐 두어야 했다. 어릴 적 읽었던 장 폴 사르트르나 알베르 카뮈와 같은 실존 철학자들에 관한 연구는 내게 주어진 새로운 역할에 맞지 않았다. 군 복무 기간 동안 할 수 있는 지적이고 창의적 활동에 가장 근접한 일이 물리학 연구에 집중하는 것이었다.

비록 이스라엘 공군 제복을 입었지만 우리는 방위군의 병과를 모두 거쳤다. 기본 보병 훈련을 받았고 포병 및 공병에서 전투 코스를 밟았으며 탱크 운전, 야간 행군 시 기관총 운반, 공수 낙하를 배웠다. 다행스럽게도 나는 운동으로 단련되어 있어서 신체적 고생은 힘들어도 견딜 만했다. 그리고 이러한 책무들과 함께 예루살렘에 있는 히브리 대학에서 학문을 열광적으로 흡수했다.

탈피오트는 우리가 물리학과 수학을 공부해야 한다고 명령했다. 물리학과 수학은 철학과 아주 가까운 것 같았고, 대학에서 무엇을 공부하든 등에 총을 메고 거름 밭에서 구르는 것보다야 훨씬 더 흥미로워 보였다. 기회가 주어지자 나에 대한 정부의 믿음에 부응하기 위해 최선을 다했다. 이 시기에 나는 철학이 근본적인 질문을 던지지만 그 답을 찾을 수 없는 경우가 흔하다는 것도 깨닫기 시작했다. 내가 공부할 과학이 답을 추구할 수 있는 더 좋은 위치로 가게 해 줄지도 몰랐다.

* * *

나는 3년간의 학습과 군사 훈련 뒤에 즉시 실제로 적용이 가능한 산업이나 군사 프로젝트에 착수하기로 되어 있었다. 하지만 나는 더 창의적인 길을 찾았는데, 그만큼 더 큰 지적 도전과 연구 과제를 맡는 일이었다. 나는 공식 연구 배속지에 포함되지 않은 시설을 방문해 참신한 연구 제안서를 제출했다. 그즈음 나는 학습과 군사 훈련 모두에서 기록적인 성과를 냈다. 탈피오트 상급자들은 처음에는 시험적으로 3개월 동안, 그리고 결국에는 1983년부터 1988년까지 남은 군 복무 기간 5년 동안 내 제안을 승인했다.

내 작업은 빠르게 새로운 방향으로 발전했고, 그중 일부는 군대에서 꽤 흥미로워했다. 전율이 느껴질 정도의 과학적 혁신을 통해 전기 방전을 이용하여 기존의 화학 추진체보다 더 빠른 속도로 발사체를 추진하는 (특허를 받을 수 있는) 새로운 계획을 위한 이론을 개발했다. 이 계획은 수십 명의 과학자로 한 부서를 꾸릴 정도로 성장했으며, 1983년 로널드 레이건 대통령이 발표한 야심 찬 미사일 방어 개념이자 일명 '스타워즈'로 알려진 미국 전략 방위 구상SDI으로부터 자금을 받은 최초의 국제적인 협력이었다.

당시 미국과 소련, 민주주의와 공산주의의 수십 년 된

경쟁인 냉전은 세계정세의 고정 요소로 보였다. 양측은 서로를 몇 번이고 파괴할 만큼 방대한 양의 핵무기를 축적해 왔다. 미국 핵 과학자회Bulletin of the Atomic Scientists 회원들이 고안한 '운명의 날 시계'는 인간이 만든 재앙의 가능성을 경고하기 위해 거의 항상 자정 7분 전에 맞춰져 있었다.

SDI는 훨씬 더 큰 경쟁의 한 부분이었다. 레이저 등의 첨단 무기를 사용해 다가오는 적의 탄도 미사일을 파괴하는 방안을 구상했다. 비록 1993년 해체되었지만 냉전 종식과 소련 붕괴를 재촉하는 데 정치적으로 주요한 영향을 미쳤다.

이 연구는 내가 스물네 살에 완성한 박사 학위 논문의 바탕이 되기도 했다. 주제는 플라스마 물리학으로 물질의 네 가지 기본 상태 중 가장 일반적인 상태에 관한 것이었다. 플라스마는 항성, 번개 그리고 특정 텔레비전 화면의 상태다(혹시 궁금해할지도 모르니 말해 두자면, 논문의 제목은 〈플라스마의 전자기적 상호 작용에 의한 고에너지로의 입자 가속과 결맞음 방출의 증폭〉이었다. 확실히 이 책의 제목보다 훨씬 덜 눈에 띄는 제목이다).

* * *

박사 학위를 손에 쥐고도 다음 선택이 어떤 것이어야 할지 또는 어떤 것이 될 것인지 확신하지 못했다. 나는 플라스마 물리학 경력에 매여 있고 싶지 않았다. 베이트 하난으로 돌아가고 싶은 마음은 항상 있었다. 그리고 진로를 극적으로 바꿔서 철학으로 돌아가고 싶은 마음도 컸다. 하지만 선택의 연쇄는 그중 내가 한 것이 일부뿐이라 해도 나를 다른 길로 가게 했다.

그 길은 군 복무 중 탄 버스에서 시작되었다. 내 옆에 앉았던 물리학자 아리 지글러Arie Zigler는 대학원 중 가장 명망 있는 곳은 뉴저지 프린스턴 고등 연구소라고 우연히 언급했다. 나중에 SDI 관계자들을 만나기 위해 방문한 워싱턴에서 그리고 오스틴에 있는 텍사스 대학에서 열린 플라스마 물리학 콘퍼런스에서 '플라스마 물리학의 교황' 마샬 로젠블러스Marshall Rosenbluth와 마주쳤다. 나는 로젠블러스가 프린스턴 고등 연구소 출신임을 알고 있었기에 그에게 자세히 물었다. 로젠블러스는 잠깐 방문하고 싶다는 내 생각에 바로 동의했다. 고무된 나는 즉시 프린스턴 고등 연구소의 행정관인 미셸 세이지에게 전화를 걸어 다음 주에 방문할 수 있는지 물었다. 미셸은 이렇게 대답했다. "우리는 아무나 방문을 허락하지 않습니다. 이력서 사본을 보내 주시면 방문하실 수 있는지 알려 드리겠습니다."

나는 기죽지 않고 미셸에게 11개의 출판 목록을 보내고 며칠 후 다시 전화를 걸었다. 미셸은 내가 미국 체류 마지막

날 방문 일정을 잡을 수 있게 해 주었다. 약속 날 아침 일찍 사무실에 도착했을 때 미셸은 이렇게 말했다. "여기에서 시간을 낼 수 있는 교직원은 프리먼 다이슨뿐입니다. 소개할게요."

나는 감격했다. 양자 전기 역학 교과서에서 본 다이슨의 이름을 기억하고 있었기 때문이다. 조금 뒤 사무실에서 마주 앉게 되자 다이슨이 말했다. "오, 이스라엘에서 왔군요. 존 바콜John Bahcall을 아나요? 그는 이스라엘인을 좋아합니다." 다이슨은 내 얼굴에서 호기심을 보았음이 틀림없다. "바콜의 아내 네타가 이스라엘 사람이에요." 나는 바콜의 아내 네타는 말할 것도 없고 그 사람에 대해서도 들어 본 적 없다고 고백했다.

존 바콜이 천체 물리학자라는 얘기를 듣고 조금 뒤에는 그와 점심을 함께했다. 바콜과의 만남은 한 달 체류 일정으로 프린스턴에 다시 와 달라는 초청으로 끝났다. 그 사이에 바콜은 해외 정찰에 나서 유발 니만Yuval Ne'eman 같은 이스라엘의 유명한 과학자들에게 나를 어떻게 생각하는지 물었다. 무슨 말을 들었는지 모르겠지만 두 번째 방문 막바지에 바콜은 나를 사무실로 초청해 천체 물리학을 공부한다는 조건으로 명예로운 5년 보장 연구원직을 제안했다. 물론 나는 좋다고 했다.

* * *

처음 천체 물리학에 헌신하도록 권유받았을 때는 무엇이 태양을 빛나게 하는지도 몰랐다. 존 바콜이 주로 태양의 뜨거운 내부에서 중성미자라 불리는 약하게 상호 작용하는 입자의 발생에 관해 연구한다고 했을 때 천체 물리학에 무지했던 나는 더욱 당혹스러웠다. 그때까지 나는 지구상의 플라스마와 그것의 실제 용도에만 초점을 맞추고 있었다.

분명히 말하지만 바콜은 내가 과거에 연구한 분야를 알고 있었다. 그런데도 제안을 한 것이다. 그런 위험을 감수했다는 사실이 그때 나를 놀라게 했고 지금은 더 놀랍게 느껴진다(그 이후 학계 상황은 바뀌었다. 오늘날에도 젊은 학자에게 비슷한 제안을 할 수 있을지는 의문이다). 나는 그때도 지금도 감사하다. 나는 바콜뿐만 아니라 이 길을 가는 동안 도와 준 훌륭한 과학자들의 감이 모두 정당하다는 것을 보여 주기로 결심하고 그 제안을 받아들였다.

논문을 쓰기 위해 그 분야의 기본 어휘를 익혀야 했지만 전공 자체는 낯익었다. 플라스마는 물질이 고온에 도달해 원자가 양전하를 띤 이온(일부 전자를 잃은 원자들)과 음전하를 띤 자유 전자의 바다로 분해된 상태이다. 현재 우주의 보통 물질(별의 내부 포함) 대부분이 플라스마 상태인데도 이 분야는 실제 우주와는 상당히 다른 실험실 조건에 초점을 맞추고 있었다. 내 강점을 살려 천체 물리학자로서 개척한 최초의 주요 연구 분야는 우주의 원자 물질이 언제 어떻게 플라스마로 변형되는가에 집중한 것이었다. 그렇게 나는 우주의 새벽이라 불리는 초창기 우주, 즉 바로 별 자체가 형성되는 조건에 매료되기 시작했다.

3년 동안 프린스턴 고등 연구소에서 근무한 후 조교수 자리에 지원해 보라는 권유를 받았는데, 그중에는 하버드 대학 천문학과도 포함되어 있었다. 나는 2순위였다. 그 학과는 조교수에게 종신 재직권을 제공하는 경우가 거의 없었기에 나보다 먼저 그 자리를 제의받은 사람을 포함한 몇몇 후보자들은 수락을 주저했다.

나야 기꺼이 승낙했다. 나는 그 결정에 대해 숙고했던 때를 아주 분명하게 기억한다. 종신 재직권이 주어지지 않는다면 언제든 아버지의 농장으로 돌아가거나 학문적 첫사랑인 철학을 택할 수 있다는 것을 그때 깨달았다. 나는 1993년 하버드 대학으로 옮겼고 3년 후 종신 재직권을 받았다.

* * *

그 뒤로 나는 존 바콜에게서 나에 대한 믿음을 느꼈다.

그는 내가 플라스마 물리학에서 천체 물리학으로 전환할 수 있다는 확신을 품었을 뿐만 아니라 내 안에서 친숙한 정신, 즉 아마도 더 어린 또 하나의 자신을 보았을 수도 있다. 바콜은 철학을 공부하기 위해 대학에 들어갔지만, 곧 물리학과 천문학이 우주의 가장 근본적인 진리로 가는 더 직접적인 길을 제공한다는 결론 내렸다.

나는 바콜과 프린스턴 고등 연구소에 작별을 고한 지 얼마 되지 않아 그와 비슷한 깨달음에 도달했다. 1993년 하버드 대학 조교수직을 맡았을 때 철학을 전공하기에는 너무 늦었다고 생각했다. 더 중요한 것은, 천체 물리학과의 '중매결혼'이 실은 다른 옷을 입었을 뿐인 옛사랑과의 재결합이라는 점을 확신할 만큼 내가 성장했다는 사실이다.

내가 이해한 천문학은 이전에 철학과 종교의 영역으로 제한되었던 문제들을 다룬다. 이러한 문제들 가운데에는 '우주는 어떻게 시작되었는가?'와 '생명의 기원은 무엇인가?'와 같은 큰 질문들도 있다. 나는 또한 광활한 우주를 응시하면서 모든 것의 시작과 끝을 생각하는 일이 '가치가 있는 삶이란 무엇인가?'에 대답할 수 있는 틀을 제공한다는 것을 발견했다.

때로는 답이 우리를 정면에서 바라본다. 우리는 그것을 인정할 용기만 내면 된다. 1997년 12월 텔아비브를 방문했을 때 나는 오프릿 리비아탄Ofrit Liviatan과 소개팅을 했다. 그녀에게 첫눈에 반했고, 모든 것이 새롭게 느껴졌다. 둘 사이의 지리적 거리에도 불구하고 우리의 교제는 깊어졌다. 나는 그동안 오프릿 같은 사람을 만난 적이 없었고 앞으로도 절대 만날 수 없을 것이라고 확신했다.

오무아무아가 제시하는 증거에 직면하기 훨씬 전에 나는 인생에서 경외감과 겸손, 결단력을 지니고 자신에게 제시된 증거를 추구하면 모든 것을 바꿀 수 있다고 배웠다. 만약 당신이 데이터가 함의하는 가능성에 열려 있다면 말이다. 다행스럽게도 당시 나는 그걸 이미 배운 상태였다.

2년 후 오프릿과 결혼했고, 그녀도 마침내 신입생 세미나 프로그램의 책임자로 일하면서 나와 마찬가지로 하버드 대학에 자리를 잡았다. 알베르트 아인슈타인이 특수 상대성 이론을 도출하기 직전에 지어진 보스턴 근처의 오래된 집에서 오프릿과 나는 두 딸을 키웠다. 1936년 독일을 떠나기로 한 할아버지의 결정부터 부모님이 베이트 하난에서 만나고 오프릿과 내가 렉싱턴에서 클릴과 로템을 키우기까지 이어지는 인과 관계의 연쇄는 철학, 신학, 과학 사이에 가느다란 경계선밖에 없다는 것을 말해 준다. 아이들이 성인으로 천천히 발을 내딛는 것을 보면 우리 존재의 가장 평범한 행동이 빅뱅으로 거슬러 올라갈 수 있는 기적적인 무언가를 시사한다는 것을 떠올리게 된다.

시간이 흐르면서 나는 철학보다 과학에 조금 더 심취하게 되었다. 철학자들이 많은 시간을 자신의 머릿속에서 보낸다면 과학자들은 세계와 대화를 나누는 일에 치중한다. 자연에 일련의 질문을 하고 실험으로 나온 답을 주의 깊게 듣는다. 솔직히 말해서 그것은 겸손해지는 유익한 경험이다. 알베르트 아인슈타인이 거둔 상대성 이론의 성공은 1905년부터 1915년까지 일련의 출판물에 걸쳐 발전된 형식적인 정교함 때문이 아니었다. 상대성 이론은 1919년 영국 왕립 천문학회의 비서이자 천문학자인 아서 에딩턴이 태양의 중력이 빛을 굴절시킬 것이라는 이론의 예측을 실증한 다음에야 받아들여질 수 있었다. 과학자들에게는 이론이 데이터와 접촉한 후에 남는 것이야말로 아름답다고 여겨지는 것이다.

비록 장 폴 사르트르나 알베르 카뮈와는 확연히 다른 방식으로 젊은 시절의 실존적 의문들과 씨름하고 있지만, 나는 베이트 하난 언덕에서 트랙터를 몰던 소년이 이 결과에 기뻐했을 것이라고 믿는다. 그는 소개팅으로 시작해서 렉싱턴에 있는 가족으로 이어지는 일련의 기회와 선택에 감탄했을 것이다.

하지만 지금 나는 내 어린 자신이 이해할 수 없었던 우리 가족 이야기의 또 다른 교훈을 이해한다. 최근 몇 년 동안 태양계의 성간 방문객들을 연구하는 내내 명심하고 있던 교훈이다.

때로는 거의 사고처럼 유난히 희귀하고 특별한 무언가와 마주칠 수 있다. 인생은 자기 앞에 놓인 것을 얼마나 똑똑히 보느냐에 달려 있다.

* * *

내가 오무아무아와 만날 준비가 되었던 것은 특이한 인생 이력 덕분이라고 믿는다. 과학적 관점에서 경험은 나에게, 특히 연구 주제와 협력자를 선택하는 데 자유와 다양성의 가치를 가르쳐 주었다.

물론 천문학자들이 사회학자, 인류학자, 정치학자, 철학자들과 이야기함으로써 엄청난 이점을 얻을 수 있다. 하지만 학계에서는 여러 학문 간 경력이 종종 해안으로 밀려오는 희귀한 조개껍데기 같은 운명을 맞이한다는 것을 배웠다. 만약 누군가가 주워 보존하지 않는다면 조개껍데기는 시간이 흐르면서 점차 침식되어서 끝없는 바다의 파도에 의해 알아볼 수 없는 모래 알갱이가 된다.

경력을 쌓는 동안 나 역시 다른, 운이 덜 좋은 길로 갈 뻔한 일이 많았다. 학계에 있으면서 나와 같은 자격을 갖춘

지만 같은 기회는 누리지 못한 학자들을 많이 만났다. 학계 전반에 걸친 교수진에 대한 정직한 조사는 기회의 확대와 박탈의 차이로 인해 기여도가 달라지는 남녀를 상기시킨다. 이런 격차는 삶의 거의 모든 궤적에 적용된다.

그러한 기회를 확대해 준 사람들에게서 받은 혜택을 알기에 나는 젊은이들이 잠재력을 실현하도록 돕는 데 전적으로 전념하고 있다. 그것이 단지 정통적인 생각에 도전할 때만이 아니라 때로는 더 해로운 정통 관행에 도전하는 것을 의미할 때도 말이다. 나는 그 임무의 일환으로 가르침과 연구에서 혹자는 유치하다고 여길지도 모르는 세상을 향한 관점을 유지하기 위해 열심히 일했다. 이런 나를 사람들이 유치하게 생각한다 해도 화내지는 않을 것이다. 내 경험으로 볼 때 아이들은 대부분의 어른보다 정직하고 가식 없이 내면의 나침반을 따른다. 그리고 젊은 사람들은 주변 사람들의 행동을 반영하려고 자신의 생각을 억제할 가능성이 적다.

과학에 대한 이러한 접근은 내가 연구하는 주제에 내재한 좀 더 야심 찬 (누군가는 **대담**하다고 말할 수도 있는) 가능성 중 몇 가지를 열어 준다. 이를테면 2017년 10월 하늘을 가로지르는 것이 포착된 성간 물체인 오무아무아는 자연적으로 발생하는 현상이 아니라는 아이디어 같은 것들 말이다.

3장 변칙

*

과학은 탐정 소설과 같다. 천체 물리학자들에게 이 진리는 약간 비틀려서 다가온다. 과학 탐구의 다른 어떤 분야도 이처럼 다양한 규모와 개념에 직면하지 않는다. 우리의 연대기적 조사 범위는 빅뱅 전부터 시작해서 시간의 끝까지 뻗어나가는 데다 시간과 공간의 개념이 상대적이라는 것까지 인식해야 한다. 우리의 연구는 지금까지 알려진 가장 작은 입자인 쿼크와 전자까지 내려간다. 거리로는 우주의 가장자리까지 다다르며, 그 안에 있는 모든 것을 직접적으로든 간접적으로든 다룬다.

우리의 탐정 업무 중 너무나도 많은 것이 미완성으로 남아 있다. 우리는 아직 우주를 구성하는 주요 요소들의 본질을 이해하지 못해 모르는 것에 **암흑 물질**(우리를 구성하는 일반 물질보다 우주 질량에 5배나 더 기여한다)이나 **암흑 에너지**(암흑 및 일반 물질 모두를 지배하며, 최소한 현재로서는 기이한 우주 가속을 야기한다)라는 꼬리표를 붙인다. 우리는 또한 무엇이 우주 팽창을 촉발했는지 혹은 블랙홀 안에서 무슨 일이 일어나는지 모른다. 이 두 분야는 내가 천체 물리학으로 전환한 이래 계속해서 깊이 관여해 온 분야다.

모르는 것이 너무 많아서 나는 가끔 과학을 10억 년 동안 발전시킬 수 있었던 또 다른 문명이 있다면 그들이 우리를 지성체로 여기기나 할까 궁금해진다. 그들이 우리에게 그러한 예의를 베풀 가능성은 우리가 얼마나 아느냐가 아니라 그것을 어떻게 알았느냐, 즉 과학적 방법에 대한 우리의 충실성에 의해 결정될 것이다. 우리가 가설을 인정하거나 반증하는 데이터를 열린 마음으로 추구해야 인류가 우주의 지성체에게 인정받을 수 있을 것이다.

천체 물리학자의 탐정 소설을 움직이는 것은 실험이나 관측 데이터에서 발견한 변칙인 경우가 아주 흔하다. 변칙이란 기대한 것과 다르고 우리의 지식으로 설명할 수 없는 증거를 말한다. 변칙을 발견한 상황에서는 다양한 대안적 설명을 제안한 다음, 정확한 해석이 나올 때까지 새로운 증거에 기초하여 하나씩 배제하는 것이 일반적인 관행이다. 예컨대 1930년대 초 스위스 천문학자 프리츠 츠비키의 암흑 물질 발견은 은하단의 움직임이 우리의 망원경으로 관측되지 않는 더 많은 물질을 필요로 한다는 관찰에 기초했다. 프리츠 츠비키의 제안은 한동안 무시되다가 1970년대에야 은하 별들의 움직임과 우주의 팽창 속도에 대한 추가 데이터가 그것에 대한 결정적인 증거를 제공했다. 어느 한쪽이 자명한 증거를 제시할 때까지 이러한 거르기 과정에서 배타적 설명들과 그 옹호자들이 서로 대항하며 학계 전체가 분열되거나 충돌할 수 있다.

오무아무아에 대한 논쟁이 바로 이런 경우였다. 자명한 증거가 부족하여 논쟁이 계속되었다. 사실 과학자들이 자명한 증거를 얻을 가능성은 매우 희박하다는 것을 미리 인정할 필요가 있다. 오무아무아를 뒤쫓아 가 사진을 찍을 수는 없는 일이다. 이미 가지고 있는 데이터가 우리가 가질 수 있는 전부이며, 증거로 설명해야 할 과제를 가설에게 넘겨준다. 물론 이는 완전히 과학적인 과업이다. 아무도 새로운 증거를 찾아낼 수 없고, 아무도 가설과 대립하는 증거를 무시할 수 없고, 아무도 오래된 만화의 과학자처럼 집어넣으면 '기적이 일어나는' 방정식을 지니고 있지 않다. 하지만 아마도 가장 위험하고 걱정스러운 선택은 오무아무아에 대해 다음과 같이 선언하는 것일지도 모른다. **"여기서 더 볼 것도 없고 계속 볼 시간도 없고 우리는 알 수 있는 것을 모두 알았으니, 그냥 과거의 선입**

견으로 되돌아가는 것이 최선이다." 불행히도 이 글을 쓰는 현재, 많은 과학자가 그렇게 하기로 결정한 것 같다.

오무아무아에 대한 과학적인 논쟁은 처음에는 비교적 차분했다. 이는 우리가 초기에 그 물체의 가장 감질나는 변칙에 대해 몰랐기 때문이라고 생각한다. 처음에 이 탐정 이야기는 단순 명쾌한 사건처럼 보였다. 성간 혜성이나 소행성이라는 오무아무아에 대한 가장 가능성 있는 설명 또한 가장 간단하고 친숙한 것이었다.

하지만 2017년 가을로 접어들면서 나를 비롯한 국제 과학계의 상당수는 그 데이터에 어리둥절해했다. 나는 (다시 말하지만 국제 과학계의 상당수도) 실제 증거와 오무아무아가 성간 혜성이나 소행성이라는 가설을 일치시킬 수 없었다. 모두 그 가설에 증거를 맞추기 위해 고군분투하고 있을 때 나는 오무아무아의 배증하는 특이성을 설명하기 위해 대체 가설을 세우기 시작했다.

* * *

우리가 오무아무아에 대해 어떤 결론을 내리든 대부분의 천체 물리학자들은 그것이 그 자체로 변칙이었으며, 지금도 그렇다는 데 동의할 것이다.

우선 오무아무아가 발견되기 전에는 공인된 성간 천체가 태양계에서 관측된 적이 없었다. 그것만으로도 오무아무아는 역사적이었고 많은 천문학자의 관심을 끌기에 충분했다. 그로 인해 더 많은 데이터를 모으게 되었고 그것이 해석되자 더 많은 변칙이 드러나 더 많은 천문학자의 관심을 끄는 등 그렇게 계속되었다.

변칙이 드러나면서 진정한 탐정 일이 시작되었다. 우리가 오무아무아에 대해 더 많이 알수록 이 천체의 모든 면이 신비롭다는 것이 분명해졌고, 미디어도 그렇게 보도했다.

하와이에 있는 천문대가 이 천체의 발견을 발표하자마자, 그리고 오무아무아가 태양계 바깥쪽으로 도망가고 있는데도 전 세계 천문학자들은 다양한 망원경을 거기에 맞추었다. 부드럽게 말하자면 과학계는 호기심이 강했다. 마치 한 여성이 당신 집에 저녁 식사를 하러 왔는데 그녀가 문밖으로 나가서 어두운 길을 향하고 있을 때야 비로소 그녀의 온갖 신기한 매력들을 깨닫게 된 것과 같았다. 우리 과학자들이 성간 방문자에 대해 질문을 던졌을 때는 정보를 수집할 시간의 창이 빠르게 닫히고 있는 순간이었다. 우리는 이미 수집한 저녁 식사 손님에 대한 데이터를 재검토하고 밤의 어둠 속으로 사라지는 그녀의 뒷모습을 관찰하는 수밖에 없었다.

한 가지 시급한 질문은 다음과 같았다. 오무아무아는 어떻게 생겼을까? 우리에게는 의지할 만한 선명한 사진이 없었고 지금도 없다. 하지만 우리는 11일 동안 가능한 무엇이든 수집하는 데 전념한 모든 망원경의 데이터를 가지고 있다. 그리고 일단 망원경을 오무아무아에 맞추고 나서 특히 한 가지 정보, 즉 오무아무아는 태양광을 어떻게 반사하는가를 눈여겨보았다.

태양은 그 주위를 돌고 있는 모든 행성뿐만 아니라 지구에서 볼 수 있을 만큼 매우 가깝고 큰 모든 물체를 비추는 가로등처럼 작용한다. 이를 이해하려면 먼저 거의 모든 시나리오에서 두 물체가 서로 지나칠 때 상대적으로 회전한다는 점을 이해해야 한다. 이를 염두에 두고 태양계를 통과할 때 태양을 가로지르는 완벽한 구球를 상상해 보라. 태양을 마주보는 구형의 넓이는 변하지 않으므로 표면이 반사하는 태양광도 변하지 않는다. 그러나 구를 제외한 다른 물체는 회전할 때 반사하는 태양광이 다양하게 변할 것이다. 예를 들어 럭비공은 긴 면이 태양을 바라볼 때 더 많은 빛을 반사하고, 돌아서 좁은 면이 태양을 바라볼 때 더 적은 빛을 반사한다.

천체 물리학자들에게 물체의 밝기가 변한다는 것은 물체의 형상에 대한 매우 귀중한 단서를 제공한다. 우리는 이 밝기 변화로 한 번의 완전한 회전을 완료하는 데 걸리는 시간을 계산했는데, 오무아무아는 8시간마다 밝기가 10배씩

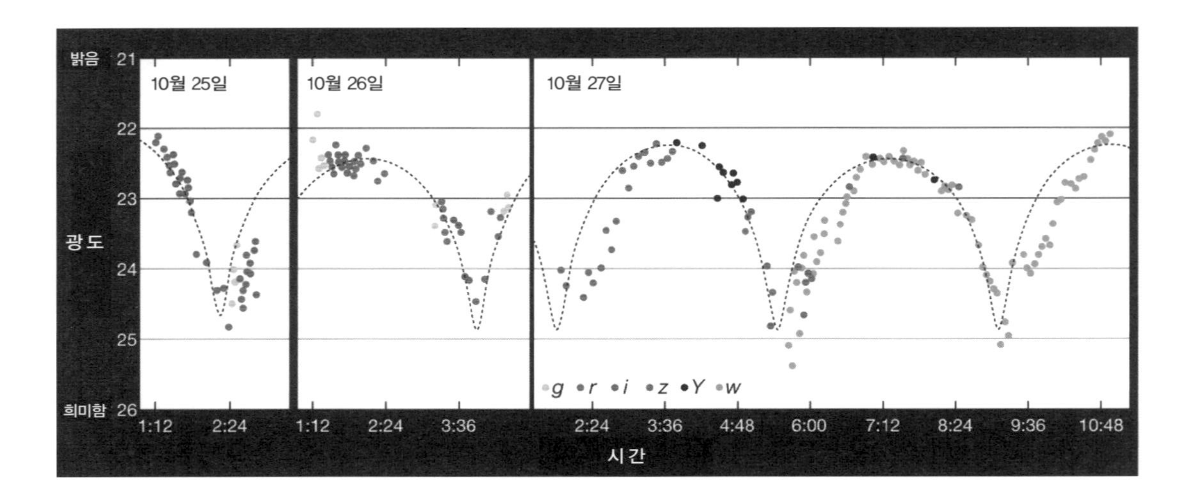

2017년 10월, 3일에 걸쳐 여러 망원경이 관측한 오무아무아의 밝기 변화(시간 단위). 각 점은 가시광선 및 근적외선 대 색 스펙트럼의 다양한 필터를 통한 측정값을 나타낸다. 태양광이 반사되는 양은 오무아무아가 8시간마다 회전함에 따라 약 10배(2.5등급) 정도로 변화했다. 이는 오무아무아가 하늘에 투영된 형체의 길이가 너비보다 적어도 약 5배에서 10배 더 길다는 것을 암시했다. 점선은 오무아무아가 너비-길이 비율이 1:10인 타원체일 때 예상되는 곡선을 보여 준다. Mapping Specialists, Ltd. adapted from European Southern Observatory/K. Meech et al.(CC BY 4.0)

변했다. 이런 극적인 밝기 변화는 오무아무아의 모양이 극단적이라는 것을 말해 준다. 즉 너비보다 길이가 적어도 5배에서 10배는 더 길었다.

이러한 비율에 우리는 오무아무아의 크기에 대한 추가 증거를 더했다. 우리가 확실히 말할 수 있는 것은 그 천체는 비교적 작았다는 사실이다. 태양 근처를 지나갔으므로 오무아무아의 표면 온도는 매우 뜨거웠을 것이고, 그렇다면 나사NASA가 2003년에 발사한 스피처 우주 망원경의 적외선 카메라로 볼 수 있었을 것이다. 하지만 스피처의 카메라는 오무아무아에서 나오는 열을 감지하지 못했다. 이로 인해 우리는 오무아무아가 망원경이 감지하기 어려울 정도로 작다고 추측했다. 우리는 오무아무아의 길이를 약 100m, 즉 축구장 길이 정도로 추정했고 너비는 10m 이하로 추정했다. 면도날처럼 얇은 물체도 하늘의 어떤 방향에서는 어느 정도 너비를 가지고 있는 것처럼 보이는 때가 종종 있으므로 오무아무아의 실제 너비는 더 작을 수 있다는 것을 명심해야 한다.

이 수치 중 더 큰 쪽이 정확해서 이 천체가 가로 몇백 미터에 세로 몇십 미터가 된다고 가정해 보자. 이는 오무아무아의 기하학적 형상을 그동안 우리가 본 가장 극단적인 소행성이나 혜성의 너비-길이 비율, 즉 가로세로 비율보다 적어도 몇 배는 더 극단적으로 만들 것이다.

이 책을 내려놓고 어딘가를 산책하는 모습을 상상해 보라. 당신은 다른 사람들과 마주친다. 아마도 그들은 당신에게 낯선 사람들일 것이고 틀림없이 모두 다르게 보이겠지만, 그들의 몸매 때문에 즉시 사람으로 인식될 수 있다. 그러한 행인 중 오무아무아는 허리가 당신의 손목보다 가늘어 보이는 사람이다. 그런 사람을 보게 되면 당신의 시각이나 사람들에 대한 이해에 의문을 갖게 될 것이다. 이것이 천문학자들이 오무아무아에 대한 초기 데이터를 해석하기 시작하면서 직면한 본질적인 딜레마였다.

* * *

여느 좋은 탐정 소설과 마찬가지로 오무아무아가 발견된 다음 해에 나타난 증거들은 우리가 특정 이론을 버리고 사실과 맞지 않는 가설을 걸러 낼 수 있게 해 주었다. 회전하는 동안 변하는 밝기는 우리에게 오무아무아가 어떤 모양은 될 수 없고, 어떤 모양은 될 수 있는지 중요한 단서를 제공했다. 후자 중에서 이 천체의 상대적으로 작지만 극단적인 크기, 즉 너비보다 최소 5배에서 10배 더 긴 길이는 두 가지 모양만 허용했다. 이 성간 방문객은 시가처럼 길거나 팬케이크처럼 납작했다.

오무아무아를 길쭉한 시가 모양의 바위로 표현한 상상도. 이 그림은 이 성간 천체에 대한 지배적인 묘사가 되었다. ESO/M. Kornmesser

어느 쪽이든 오무아무아는 희한했다. 만약 긴 모양이라고 하면, 우리는 자연적으로 발생하는 어떤 천체도 그 크기에 그렇게 긴 것은 결코 본 적이 없다. 만약 평평한 모양이라고 하면, 우리는 자연적으로 발생하는 어떤 천체도 그 크기에 그렇게 평평한 것은 결코 본 적이 없다. 비교를 위해 태양계에서 이전에 볼 수 있었던 모든 소행성의 너비-길이 비율은 커 봐야 3배라는 것을 생각해 보자. 오무아무아는 앞에서 언급했듯이 5배에서 10배 사이였다.

그뿐만이 아니었다. 오무아무아는 작고 이상한 모양일 뿐만 아니라 이상하게도 밝았다. 오무아무아는 작은 크기에도 불구하고 태양을 지나가며 태양광을 반사했을 때 상대적으로 밝은 것으로 밝혀졌는데, 일반적인 태양계의 소행성이나 혜성보다 적어도 10배는 더 반사율이 높았다. 충분히 가능한 이야기지만, 만약 오무아무아가 과학자들이 추정한 수백 미터라는 상한선보다 몇 배 더 작다면 그 반사율은 전례 없는 값, 즉 반짝이는 금속과 비슷한 밝기에 근접할 것이다.

* * *

오무아무아의 발견이 처음 보고되었을 때 이 모든 특이성이 포착되었다. 특이성들이 모이자 천문학자들에게 수수

께끼가 되었다. 이러한 특이성들이 한데 모이자 자연적으로 발생한 천체(이 시점에서 오무아무아가 자연적으로 발생한 천체가 아닐 거라고 주장하는 사람은 아무도 없었다)가 왜 이렇게 통계적으로 희귀한 특성을 가지는지 설명할 수 있는 가설이 필요해졌다.

과학자들의 추측에 따르면 이 물체의 이상한 특징들은 어쩌면 태양계에 도달하기 전에 성간 우주를 여행했을 수십만 년 동안 우주에서 복사되는 빛에 노출되었기 때문에 생겼을 것이다. 이론적으로 이온화 복사는 성간 암석을 상당히 침식시킬 수 있지만, 그러한 과정이 어떻게 오무아무아의 모양을 만들어 냈는지는 분명하지 않다.

또 오무아무아가 기묘한 이유는 그 기원에 있을지도 모른다. 중력 새총 효과(천체에 접근하는 물체가 중력에 이끌려 가속되고 나서 접근할 때보다 높은 속도로 이탈하는 현상. - 옮긴이)로 행성에서 격렬하게 뽑혀 나갔다는 식으로 그 특징 중 일부를 설명할 수 있을 것이다. 만약 적당한 크기의 물체가 행성의 적절한 거리 안에 들어간다면, 그 행성의 일부는 새총 효과로 성간 공간으로 떨어져 나갈 수 있다. 어쩌면 반대로 우리 태양계의 오르트 구름과 비슷하게 외계 행성계의 바깥쪽을 공전하는 얼음 천체의 표층이 부드럽게 떨어져 나온 건지도 모른다.

우리는 오무아무아의 여정에 대해서 가정을 세우면서 가설을 만들거나 그 기원에 대한 가정을 세우면서 가설을 만들어 이론화할 수 있었다. 만약 독특한 모양과 특징적 반사가 오무아무아의 특이성의 전부였다면, 두 이론 중 어느 것이든 만족스러웠을 것이다. 그리고 나는 궁금함이 남아 있더라도 그냥 넘어갔을 것이다.

하지만 나는 한 가지 간단한 이유로 이 탐정 소설에 참여하는 것을 자제할 수 없었다. 그것은 오무아무아의 가장 눈길을 끄는 변칙에 관한 것이었다. 이미 언급했듯이 오무아무아가 태양 주위를 돌 때 그 궤도는 태양의 중력만으로 예상되는 궤도와 편차가 있었다.[2] 그런데 그 이유에 대한 명확한 설명이 없었다. 이는 우리가 오무아무아를 관측할 수 있던 약 2주 동안 축적한 데이터 가운데 가장 눈썹을 찌푸리게 하는 것이었다. 오무아무아에 관한 이 변칙은 과학자들이 수집한 다른 정보들과 함께 곧 대부분의 과학 기득권자들과 대립하게 되는 가설을 설정하도록 나를 이끌었다.

* * *

가설을 발표한 직후에 벌어진 광란의 한순간에 나는 방을 가득 채운 기자들과 길게 뻗은 마이크의 숲과 마주했다.

나는 방금 한 시간짜리 인터뷰를 세 번 한 참이었다. 점심시간이었고 배가 고팠다. 그래서 취재진들에게 오무아무아에 대한 내 가설을 상세하게 변호하기보다는 천문학계 선배 중 한 명을 언급하기로 했다. 그렇게 해서 모든 사람이 열린 마음을 유지하게 되기를 희망했다.

나는 청중들에게 망원경을 통해 볼 수 있는 증거가 지구가 태양의 주위를 돈다는 것을 암시한다고 선언한 갈릴레오를 상기시켰다. 이는 과학사에 자주 등장하는 친숙한 이야기다. 1610년 갈릴레오는 논문 〈별의 전령Sidereus Nuncius〉을 출판하면서 새로운 망원경을 통해 관측한 행성을 묘사하고 이 증거를 바탕으로 태양 중심설에 동의한다고 선언했다. 갈릴레오의 데이터는 지구를 비롯한 모든 행성이 태양의 주위를 돈다는 것을 암시했다. 이 선언은 가톨릭교회의 가르침과 정면으로 대치했고 교회는 갈릴레오를 이단이라고 비난했다. 고발자들은 그의 망원경을 들여다보는 것조차 거부했다. 재판이 끝나고 갈릴레오는 이단으로 유죄 판결을 받았다. 그는 거의 10년 동안 가택 연금 상태에서 여생을 보내야 했다.

갈릴레오는 데이터와 발견을 버리고 지구가 태양의 주위를 돈다는 진술을 취소해야 했지만, 전하는 말에 따르면 갈릴레오는 한숨을 쉰 뒤 "그래도 지구는 움직인다"라고 속삭였다고 한다. 이 이야기는 거짓일 가능성이 있고, 설령 사실이라고 해도 요점을 벗어난다. 적어도 불쌍한 갈릴레오에게는 그랬다. 증거가 아닌 합의가 승리했다.

물론 기자 회견에서 이 모든 것을 말하지는 않았다. 나는 단지 유명한 천문학자의 이야기를 언급했을 뿐이다. 그러자 예상대로 한 기자가 다음과 같이 물었다. "당신이 갈릴레오라는 건가요?" 아니. 전혀 아니다. 내가 전하고 싶었던 말은, 역사가 우리에게 매번 오무아무아에 대한 증거로 돌아가서 가설이 증거에 맞는지 시험해 보라고 그리고 다른 사람들이 우리를 침묵시키려고 하면 "그래도 그것은 어긋났다"라고 자신에게 속삭이라고 가르쳐 주었다는 것이다.

* * *

왜 오무아무아의 편차가 그렇게 변칙적인지 그리고 왜 내가 그렇게 격렬한 논쟁과 반발을 불러일으킨 가설을 설정했는지 이해하려면 기본으로 돌아가야 한다. 모든 것을 지배하는 물리 법칙 중 가장 근본적인 법칙 하나를 상기해 보자. 아이작 뉴턴의 제1 운동 법칙에 따르면 "모든 물체는 외부 힘이 작용하지 않는 한 정지 상태나 일정한 직선 운동 상태를 유지한다."

당구대 위의 당구공은, 심지어 14개의 다른 공들이 그 주위를 돌아다닌다 해도 움직이지 않는다. 다른 공이 그것을 칠 때까지 움직이지 않는 상태를 유지한다.

당구대 위의 당구공은 큐에 맞을 때까지 움직이지 않는다.

당구대 위의 당구공은 당구대의 한쪽 끝을 들어 올릴 때까지 정지해 있다.

당구대 위의 당구공은 갑자기 당구대 중앙이 원뿔 모양으로 가라앉을 때까지 움직이지 않는다.

마지막 두 경우 중력이 작용하고 당구공이 움직이기 시작한다. 일단 움직이면 당구공은 작용하는 힘이 가리키는 선을 따라서 다른 힘이 작용할 때까지 계속 그대로 이동할 것이다.

오무아무아는 지구를 비롯한 태양계 행성들의 궤도면에 대략 수직인 궤도로 태양계에 들어왔다. 태양은 8개의 행성들과 행성 주위를 도는 다른 모든 것들에 중력을 가하는 것처럼 오무아무아에도 중력을 가했다. 2017년 9월 9일 오무아무아는 거의 시속 30만km로 태양 주위를 질주했고, 태양의 중력으로 운동량을 얻어서 다른 방향으로 움직였다. 그 뒤로 여행을 계속해 태양계를 벗어났다.

보편적인 물리 법칙은 주어진 물체가 태양 주위를 빠르게 돌 때 어떤 궤적이 되어야 하는지를 확실히 예측할 수 있

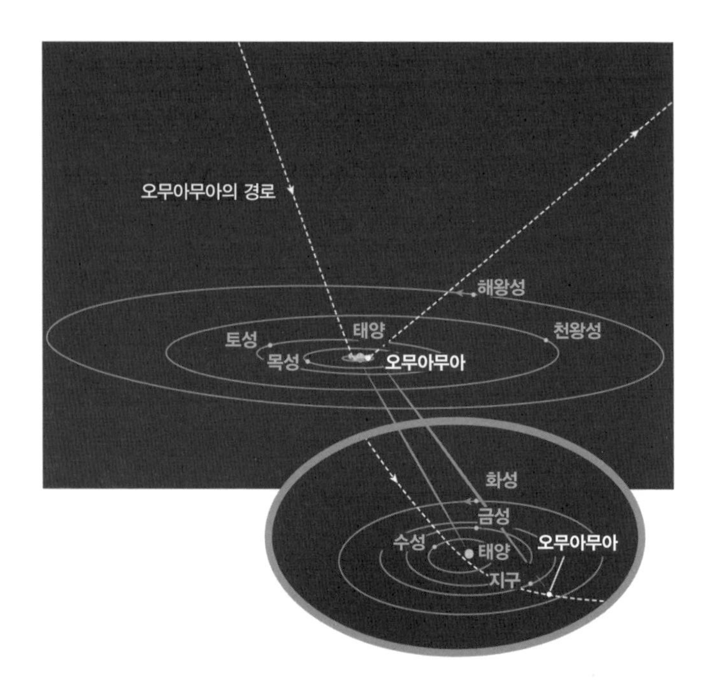

2017년 10월 19일 오무아무아와 행성들의 위치를 보여 주는 오무아무아의 태양계 통과 경로. 이 날짜는 오무아무아가 판스타스를 통해 발견된 날이다. 이전에 관측된 모든 소행성 및 혜성과 달리 이 천체는 태양의 중력에 묶여 있지 않았다. 오무아무아는 성간 공간에서 와서 태양 근처를 통과하며 속도를 증폭시켜 성간 공간으로 돌아갔다. Mapping Specialists, Ltd. adapted from European Southern Observatory/K. Meech et al.(CC BY 4.0)

게 해 준다. 하지만 오무아무아는 우리의 예상대로 행동하지 않았다.

2018년 6월 연구자들은 오무아무아의 궤적이 태양의 중력에 의해 형성될 수 있는 경로로부터 약간, 그러나 통계적으로 매우 유의미한 정도로 벗어났다고 보고했다. 이는 대략 태양으로부터 거리의 제곱만큼 감소하는 어떤 추가적인 힘에 의해 태양으로부터 가속되며 밀려났기 때문이다. 중력의 인력과 반대되는 어떤 반발력이 태양으로부터 가해질 수 있었을까?

태양계의 혜성이 오무아무아와 유사한 편차를 보이지만, 이들은 태양광에 데워진 얼음에서 나오는 먼지와 수증기가 혼합된 꼬리를 달고 있다.

운 좋게도 뒷마당에서 혜성을 본 적이 있을 것이다. 아니면 사진이나 그림으로라도 혜성을 보았을 것이다. 혜성의 중심, 즉 핵이 흐릿하게 빛나며 밝은 꼬리가 그 뒤로 뻗어 있는 것 말이다. 이 빛과 꼬리는 혜성이 다양한 크기의 얼음 바위이기 때문에 생기는 것이다. 혜성의 얼음은 대부분 물로 이루어져 있지만, 우주 전체에 걸친 물질의 무작위적 분포를 반영하여 보통 암모니아, 메탄, 탄소 같은 물질들을 포함한다. 얼음의 성분이 무엇이든 혜성이 태양 가까이 지나갈 때 보통 가스와 먼지로 증발해서 태양광을 산란시킨다. 이것이 혜성의 코마, 즉 증발하는 얼음과 파편으로 둘러싸인 대기이며 그 덕에 혜성이 빛을 내고 독특한 꼬리를 만들어 낸다.

혜성의 꼬리를 보고 로켓의 뒷부분에서 나오는 연료가 생각난다면, 맞는 생각이다. 혜성의 증발하는 얼음은 혜성을 밀어내는 제트 분사처럼 작용한다. 로켓 효과 때문에 가스를 내뿜는 혜성은 태양의 중력만으로 형성된 경로에서 벗어날 수 있다. 실제로 천문학자들이 혜성을 관측할 때 가스를 뿜는 혜성을 보고 편차 정도를 측정하면, 이렇게 추가로 척력을 얻는 데 혜성의 질량이 얼마나 많이 사용되었는지 정확히 계산할 수 있다.

만약 오무아무아를 추진했던 추가 척력이 혜성과 같이 로켓 효과에서 비롯되었다면, 이 성간 천체는 그렇게 추진하기 위해 질량의 10분의 1을 잃었어야 했다. 이는 무시할 수 없는 양의 가스 분출로 우리 망원경이 쉽게 놓칠 리 없었다. 그러나 오무아무아 주변의 공간을 세밀히 관측해 봐도 물, 탄소 기반 가스, 먼지 등의 흔적이 전혀 보이지 않았고, 이로 인해 혜성처럼 증기나 눈에 보이는 먼지 입자에 의해 밀렸을 가능성은 배제되었다. 게다가 혜성에서 흔하게 발생하는 현상과 달리, 한 방향으로 일어나는 제트가 옆으로 밀었을 때 생기는 회전 속도에도 변화가 없었다. 그러한 엄청난 증발은 태양계 혜성처럼 오무아무아의 회전 주기 역시 변화시켰을 것이다.[3] 그러나 회전 속도와 관련해서는 아무런 변화도 기록되지 않았다.

궁극적으로 이 모든 미스터리는 거슬러 올라가면 하나가 된다. 오무아무아가 예상 경로에서 편차를 보였다는 것이다. 오무아무아에 관한 모든 가설은 그 편차를 설명해야 한다. 그리고 오무아무아에 작용한 힘을 설명하는 것과 동시에, 그것 뒤에 가스와 먼지로 혼합된 혜성 꼬리가 설령 있었다 해도 우리의 장비로 감지되지는 않을 만큼 작았다는 사실을 반영해야 한다.

* * *

이 글을 쓸 당시 과학계는 '오무아무아는 특이하긴 해도 혜성이었다'는 가설을 중심으로 연합해 있었다. 이 가설의 미덕은 친숙함이다. 우리는 태양의 중력에 의해서만 형성되는 경로와 실제 궤적에 편차가 있는 많은 혜성을 관측해 왔다. 우리는 또한 왜 그런 일이 일어나는지도 안다. 모든 경우에 그것은 가스 분출 때문이다. 하지만 방금 설명했듯이 오무아무아는 가스 분출을 보여 주지 않았는데도 편차를 보였다.

우리는 스피처 우주 망원경을 통해 오무아무아가 적외선 카메라에 보이지 않았다는 사실을 알고 있다. 스피처는

2003년 우주 발사 이후 거의 20년 동안 약 2억 5,000만km 상공을 선회하며 우주에 대한 매우 상세한 정보를 수집해 왔다. 2009년 일부 기기를 냉각시키는 데 사용되는 액체 헬륨 잔량이 고갈되지만, 적외선 배열 카메라IRAC는 2020년 1월 작동이 멈추기 전까지 가동 중이었다.

스피처 우주 망원경의 적외선 카메라는 얼마나 많은 이산화탄소 혜성이 생성되었는지를 조사하는 데 이상적이었다. 적외선 카메라로는 풍부한 이산화탄소를 있는 그대로 볼 수 있다. 혜성의 얼음 혼합물의 일부는 탄소이고 이산화탄소는 그 혼합물이 열과 응력을 받았을 때 증발하는 부산물이기 때문에 우리는 종종 혜성의 통과를 관측하기 위해 스피처를 사용했다.

스피처의 적외선 카메라는 오무아무아가 태양을 빠르게 지나갈 때 그 성간 방문객을 30시간 동안 추적했다. 오무아무아가 분출한 가스에 이산화탄소가 미량이라도 있었다면 카메라가 그것을 관측할 수 있었어야 했다. 하지만 스피처의 적외선 카메라는 아무것도 보지 못했다. 천체의 뒤편에 가스가 남아 있는 흔적도 없었고, 물체 자체도 아예 안 보였다(흥미롭게도 스피처 우주 망원경은 오무아무아로부터 방출되는 열을 감지하지 못했는데, 이는 일반적인 혜성이나 소행성보다 더 반짝거린다는 것을 암시한다. 이것이 열을 많이 내지 않을 정도로 충분히 작으면서도 관측된 만큼의 태양광을 반사할 수 있는 유일한 방법이다).

연구 결과를 요약한 논문에서 스피처의 적외선 카메라의 데이터를 연구한 과학자들은 "그 천체를 감지하지 못했다"[4]라고 인정했다. 그러나 그들은 계속해서 "오무아무아의 궤적은 크기와 질량에 민감하고 가스 분출에 의한 것으로 추정되는 비중력 가속을 보여 준다"라고 말했다.

추정되는. 문장 중간에 그런 낱말을 물음표처럼 삽입한 저자들은 정확히 "우리의 결과는 오무아무아의 기원과 진화에 대한 미스터리를 확장시킨다"는 문장으로 요약 논문을 마무리 짓는다.

최첨단 장비를 사용하는 다른 과학자들도 스피처의 적외선 카메라의 데이터와 유사한 결과를 기록했다. 2019년 천문학자들은 소호SOHO(Solar and Heliospheric Observator, 태양과 태양권 관측소)와 스테레오STEREO(Solar Terrestrial Relations Observatory, 태양 지상 관계 관측소)가 수집한 영상을 검토했다.[5] 오무아무아가 태양에 거의 근접했던 2017년 초에 찍은 것이다. 소호와 스테레오는 태양을 관측하기 위해 만들어졌지 혜성을 발견할 의도로 만들어진 것이 아니었다(그렇지만 소호가 3,000번째 혜성을 확인한 후 나사는 소호를 "역대 가장 위대한 혜성 발견자"[6]라고 선언했다). 스피처와 마찬가지로 소호와 스테레오도 그 구역에서 아무것도 감지하지 못했다. 이

기기들에게 오무아무아는 보이지 않았다. 이는 단지 오무아무아가 '이전에 보고된 어떤 최소치보다도 최소한 한 자릿수 적은 물 생산율'을 가졌다는 의미일 수도 있다.

스피처의 적외선 카메라와 소호, 스테레오에게는 보이지 않았지만 그럼에도 오무아무아는 편차가 있었다.

* * *

오무아무아의 궤적을 설명하고 혜성이라는 가정을 유지하기 위해 과학자들은 그것의 물리적 크기와 구성에 대한 이론을 한계점까지 잡아 늘였다. 예를 들어 일부 과학자들은 오무아무아의 얼음은 전적으로 수소로 만들어졌다고[7] 가정했는데, 이 극단적인 구성은 스피처의 적외선 카메라가 왜 그것을 보지 못했는지 설명해 준다(탄소를 함유한 가스 분출은 스피처의 적외선 카메라로 볼 수 있지만, 순수한 수소 배출은 그렇지 않을 것이다). 하지만 상세한 논문에서 한국에 있는 공동 연구자인 티엠 황(베트남 출신 한국천문연구원 선임연구원. -옮긴이)과 나는 만일 수소 빙산이 성간 우주를 여행한다면 태양계에 도달하기 훨씬 전에 증발할 것이라고 계산했다. 자연에서 가장 가벼운 원소인 수소는 성간 복사, 가스와 먼지 입자 그리고 에너지가 넘치는 우주선宇宙線에 의해 가열되는 얼음 표면에서 쉽게 끓어오른다. 사실 태양계 주변은 똑같이 혹독한 환경에 노출된 수많은 얼음 혜성들로 채워져 있다(그리고 태양풍은 태양과 훨씬 가까운 성간 매질의 압력에 의해 가로막혀 이들을 보호해 주지 못한다). 하지만 순수한 수소 얼음으로 이루어진 혜성은, 아니 그런 면에서는 순수한 그 어떤 것이라도 굉장히 이색적일 것이다. 우리는 그와 조금이나마 비슷한 것조차 본 적이 없다.

아니면 오히려 우리는 자연적으로 발생하는 그런 대상들을 모르는 것일 수도 있다. 그런데 우리가 그러한 것들을 만들어 온 것만은 분명하다. 가령 순수한 수소를 연료로 사용하는 우주 비행 로켓 같은 것들 말이다.

오무아무아가 순수한 수소를 배출했는지 아닌지에 관계없이, 가스 혜성 가설에는 또 다른 어려움이 있다. 편차가 생기는 동안 오무아무아의 가속은 부드럽고 일정했다. 혜성은 보기 흉한 암석이다. 혜성의 거칠고 불규칙한 표면에는 얼음이 불규칙하게 분포되어 있다. 태양이 얼음을 녹이면 여기저기 거칠고 찌그러진 표면에서 분출된 가스가 추진력을 만들어 낸다. 그 결과는 우리가 예상하듯이 갈팡질팡하는 가속이다. 하지만 이는 우리가 본 오무아무아와 다르다. 사실 정반대다.

자연적으로 100% 수소 얼음으로 이루어진 혜성이 한

곳에서만 가스를 분출하여 부드러운 가속도를 만들어 낼 확률은 얼마나 될까? 이는 자연의 지질학적 과정이 우주 왕복선을 만들 확률과 거의 같다.

더욱이 오무아무아의 편차 정도를 설명하려면 총 질량이 통계적으로 유의미한 수치를 초과해야 했다. 비중력적인 척력은 태양 중력 가속도의 약 0.1% 정도로 컸으며, 가스 분출이 오무아무아 질량의 최소 10%를 소비했을 때만 그런 편차를 일으킬 수 있었다. 물론 이는 많은 양이며, 오무아무아가 크다는 가설을 세울수록 더욱더 많은 양의 분출이 필요하다는 의미다. 1,000m짜리 물체의 10%는 100m짜리 물체의 10%보다 더 많다.

또 오무아무아가 보이지 않는 가스 분출로 더 많은 물질을 뿜어냈다고 상정할수록, 우리가 그것을 관측하지 못했을 가능성이 더 적어진다. 그리고 오무아무아가 분출한 가스를 보지 못한 이유를 설명하기 위해 그 크기를 더 작다고 상정할수록 너비-길이 비율은 더 극단적이게 되고, 광도는 더 밝아진다.

* * *

가스 분출만 물체가 태양의 중력에 의해 형성된 경로에

서 벗어나는 이유를 설명할 수 있는 것은 아니다. 물체의 붕괴와 관련된 또 다른 설명이 있다.

물체가 깨지고 부서져서 먼지와 입자로 둘러싸인 작은 물체가 되면, 그렇게 작아진 물체는 새로운 궤적을 그린다. 따라서 오무아무아가 근일점에 도달하는 즈음에 분리되기 시작했다면, 그 붕괴 때문에 태양의 중력에 의해 정해진 경로에서 벗어나게 되었을지도 모른다.

오무아무아에 이 설명을 적용할 경우 문제점은 가스 분출과 마찬가지로 우리 망원경이 무언가를 기록했어야 한다는 점이다. 여기서 그 무언가는 그러한 붕괴로부터 나온 잔해와 먼지가 될 것이다. 얼음에 탄소가 없을 것 같지도 않고, 붕괴되는 바위에는 더더욱 그럴 것 같지 않다. 게다가 작은 물체들의 집합이 어째서 하나의 물체처럼 보이는지 궁금해해야 한다. 증거에 따르면 오무아무아는 극단적인 모양을 가진 단단한 하나의 물체처럼 8시간마다 계속해서 빙빙 돌았다.

매끄러운 가속도 또한 오무아무아가 근일점 주위에서 부서져서 경로의 편차를 설명하기에 충분할 만큼의 질량이 떨어져 나갔다는 가설을 부인한다. 우리의 기기들은 그러한 분리와 붕괴를 나타내는 파편을 관찰하지 못했다. 사실 우리가 본 것은 오히려 그 반대 증거인 매끄럽고 꾸준한 가속이었다. 오무아무아가 조금씩 부서져 나가면서 매끄럽게 가속을 유지했을 확률은 아주 미미하다. 공중으로 던져진 눈덩이가 갑자기 산산조각이 나도 그 조각들의 궤도는 전혀 변하지 않는다고 상상해 보라.

붕괴 가설을 고수하려면, 왜 우리가 조각난 파편들의 증기를 알아차리지 못했는지를 설명하기 위해 오무아무아의 구성에 대해 훨씬 더 이색적인 가정을 할 수밖에 없다. 파편화되었다면 관측기는 더 많은 것을 감지했어야 했다. 암석이 많은 작은 조각들로 붕괴되면 전체 겉넓이가 증가하여 물체가 하나였을 때보다 훨씬 더 많은 혜성 가스와 열이 발생한다.

그리고 오무아무아에 편차를 일으키도록 작용한 추가적 힘이 태양으로부터 오무아무아까지의 거리의 제곱에 반비례하여 감소했다는 증거가 있다. 만약 추가적 힘이 가스 분출의 결과라면, 물체가 태양으로부터 멀어짐에 따라 더 빨리 감소했어야 할 것이다. 얼음과 물의 증발은 태양광으로 충분히 가열되지 않으면 멈추고, 이렇게 되면 로켓 효과도 끝난다. 로켓은 스스로 소진되고 그것이 물체에 가하던 추가적 힘은 갑자기 중단된다. 그때까지 물체가 어떤 경로를 거쳐 왔든지 간에 그다음부터는 정해진 경로를 따라간다. 하지만 우리가 본 바로는 그렇지 않았다. 다시 말하지만 오무아무아에 작용하는 힘은 태양으로부터 거리의 제곱에 반비례하여 감소했다.

무엇이라야 오무아무아를 이렇게 매끄러운 지수 법칙대로 밀 수 있을까? 한 가지 가능성은 태양광이 반사되면서 오무아무아의 표면에 전달하는 운동량이다. 그러나 이것이 효과적이려면 겉넓이 대對 부피 비율이 비정상적으로 커야 한다. 어떤 물체의 질량은 (밀도가 같다고 했을 때) 그것의 부피에 따라 늘어나는 반면, 태양이 미는 힘은 물체의 표면에 작용하기 때문이다. 따라서 물체가 보여 주는 가속도는 겉넓이 대 부피 비율에 비례하여 증가하며, 이는 극도로 얇은 기하학적 형상일 때 최대화된다.

나는 오무아무아에 가해지는 추가적 힘이 태양으로부터 거리의 제곱에 반비례하여 감소했다는 보고서를 읽었을 때 만약 가스나 붕괴가 아니라면 무엇이 그것을 밀어낼 수 있을지 궁금해졌다. 머릿속에 떠오르는 유일한 설명은 얇은 돛을 미는 바람처럼 태양광을 표면에서 반사하는 것이었다.

* * *

다른 과학자들은 그들 나름의 설명을 만들어 내느라 바빴다. 모든 증거가 말이 되게 하는 이론을 추구하다가 나사 제트 추진 연구소의 한 과학자는 거의 포물선 궤도에 있는 극소 혜성이 근일점 바로 앞에서 분해되는 경향에 기초해 새로운 가설을 제시했다. 그는 어쩌면 이것이 오무아무아의 운명일 것이라고 했다. 태양의 중력에 의해 결정된 궤도에서 벗어나는 편차가 생길 때쯤 오무아무아는 솜털 같은 먼지 구름이 되어 있어야 했다. 즉 좀 더 정확히 말하면 오무아무아는 "이색적인 모양과 특이한 회전 특성, 극도의 다공성 등을 가진, 탈휘발화하여 느슨하게 결합한 먼지 알갱이의 집합체이며, 이 모든 특징은 붕괴 과정에서 얻은 것"[8]이 되었다.

아무리 구름처럼 느슨하게 결합해 있더라도 이 가설로는 탈휘발화한 오무아무아가 여전히 어느 정도의 크기로 뭉쳐 있어야 한다. 결국 남아 있는 것이 무엇이건 간에 관측된 만큼 빠르게 멀어지려면 구조적으로 결함이 없어야 한다. **탈휘발화**란 물체(예를 들어 석탄 덩어리)에서 원소 하나가 제거되는 조건, 즉 고열에 놓여 있다는 것을 의미한다. 우리가 흔히 알고 있는 탈휘발화의 예는 석탄 덩어리가 차char가 될 정도로 가열되는 경우다.

이 가설은 탄소로 구성되지 않은 혜성이 심한 다공성 결합으로 된 이색적인 모양으로 탈휘발화하면서 생긴 편차가 우리가 관측한 오무아무아의 편차와 통계적으로 유의미한 정도로 같을 때 성립한다. 그러기 위해서는 한 걸음 더 나가야 한다. 구조적으로 느슨하게 결합된 이 먼지 구름은 눈에 보이는 가스나 '태양 복사압의 영향'으로 파편 없이 편차를 발생시켰다.

몇 달 후 우주 망원경 과학 연구소의 한 연구원이 비슷한 개념[9]의 얼음 다공성 집합체를 제시했다. 10년 전 태양계 데이터를 바탕으로 성간 천체가 얼마나 많은지 예측하기 위해 나와 공동으로 작업한 바로 그 과학자였다(이 예측은 오무아무아를 설명하는 데 필요한 수치보다 그 자릿수가 상당히 차이 날 정도로 적은 수치로 밝혀져 또 다른 변칙을 암시했다). 이제 내 동료는 그 물체의 변칙적인 움직임을 설명하려 했다. 그녀가 계산한 바로는 필요한 추진력이 태양광으로 만들어지려면 다공성 오무아무아의 평균 밀도가 공기보다 100배 더 희박할 정도로 극도로 낮아야 했다.

축구장만 한 크기의 길쭉한 시가나 팬케이크를 상상해 보라. 8시간마다 한 바퀴 돌 만큼 튼튼하지만 구름보다 100배나 가벼울 정도로 푹신하다. 이는 좋게 말해서 타당성이 거의 없는, 전적으로 상상력에 기반을 둔 가설이다. 실제로 그런 것을 관측한 적이 전혀 없기 때문이다. 물론 자연적으로 발생한 시가 모양의 물체나 팬케이크 모양의 물체도 마찬가지다. 우리는 오무아무아처럼 극단적인 모양의 물체를 푹신푹신하든 아니든 간에 본 적이 없다.

물체가 무엇으로 구성되어 있는지는 잠시 무시하고 그 모양을 좀 더 신중하게 고려해 보자. 아침 식탁에 앉은 누구도 시가와 팬케이크를 혼동하지 않을 것이다. 그 둘은 상당히 다르다. 그렇다면 우리는 우주를 가로지르는 오무아무아의 모습을 상상할 때 이 두 가지 특이한 모양 중 어느 것을 선택해야만 할까?

맥매스터 대학 천체 물리학자인 한 과학자는 해답을 찾을 수 있는지 알아보기 위해 증거로 돌아갔다.[10] 그는 데이터가 허용하는 모든 밝기 모형을 평가한 결과 오무아무아가 시가 모양일 가능성은 적으며, 원반 모양일 가능성은 약 91%였다. 당신은 몇 번째인지도 모를 예술가가 오무아무아를 시가 모양의 바위로 표현한 상상도를 볼 때 이 확률을 명심해야 한다. 또한 자연적으로 발생하는 긴 물체에 대한 설명을 읽을 때도 유념해야 한다. 예를 들어 항성에 매우 가깝게 지나가는 흔치 않은 궤도를 그리며 녹아서 조석력으로 늘어나는[11] 과정같이 확률이 낮은 설명 말이다. 이 확률은 오무아무아에 대한 분석에 적용할 경우 무시해도 될 정도로 낮아진다.

팬케이크 모양의 물체가 필요한 겉넓이 대 부피 비율을 더 간단하게 달성하는 다른 방법이 있을까? 있다. 얇고 튼튼한 장비를 인공적으로 제작하면 태양 복사압의 효과가 정확히 그런 편차를 만들어 낼 수 있다.

4장 스타칩

✳

오무아무아를 발견하기 몇 년 전, 나는 외계 문명을 찾는 것과 지구가 생명을 지탱하는 유일한 행성이 아니라는 가능성에 관심을 두게 되었다. 과학 소설보다는 과학과 증거에서 비롯된 관심이다. 나는 스토리텔링을 좋아하고 과학을 좋아한다. 하지만 앞서 고백했듯이 물리 법칙을 위반하고 '불가능한' 것에 대한 매력을 부추기는 이야기들이 과학뿐만 아니라 우리 자신의 진보까지 방해하지 않을까 걱정된다.

어쨌거나 이미 높은 가능성이 있는데 왜 불가능한 것들을 필요로 하겠는가? 지구상에 지적 생명체가 존재한다는 사실은 지구 밖 생명체를 찾는 데 공상이 아니라 **과학적으로** 진지하게 접근하기에 아주 확실한 명분이다. 이는 내가 천체물리학자로서의 길을 걷기 시작할 때부터 줄곧 해 온 생각이다. 하지만 내 독특한 관심은 2007년에야 세상에 알려지게 되었다. 우주론 학자 마티아스 잴더리아가Matias Zaldarriaga와 내가 외계 전파를 감청하자고 제안했을 때였다. 일종의 데뷔였다. 그런데 나중에 보니 변혁이었다.

* * *

마티아스와 함께했던 특이한 감시 프로젝트는 초기 우주에 대한 내 연구에서 아이디어를 얻었다. 1993년 프린스턴 고등 연구소에서 하버드 대학으로 옮겼을 때 우주의 새벽에 관심이 끌렸다. 그 당시 나를 사로잡았던 질문은 다음과 같았다. 별은 언제 처음으로 '켜졌'을까? 즉 자연법칙이 '빛이 있으라'고 선언한 순간은 언제였을까? 별들의 탄생에 대한 생각은 몇 년 뒤, 문명들이 어떻게 서로의 신호를 감지할 수 있는가에 대한 생각으로 이어졌다. 하지만 당시에는 그 질문에 대답할 수단이 없었다.

간단히 말해서 우주의 초기로 거슬러 올라가 보기 위해서는 우주에서 가장 풍부한 원소인 원시 수소의 미약한 전파 방출을 수신해야 한다. 이는 원시 수소의 특징인 고유 파장을 찾을 수 있는 망원경으로 가장 잘 수행되는데, 21cm인 이 고유 파장은 우주의 새벽 이래 계속된 우주 팽창으로 미터 단위로 늘어났다(더 붉은, 즉 더 긴 파장으로 전환되는데 이를 '적색 이동'이라고 부른다).

2000년대 중반이 되자 이론적으로나 가능했던 실험 연구가 현실이 되었다. 장파장 망원경이 마침내 건설 중이었고, 그중 호주 서부 사막의 머치슨 광역 배열Murchison Wildfield Array은 호주, 뉴질랜드, 일본, 중국, 인도, 캐나다, 미국의 과학자들과 기관들이 참여하는 국제적인 프로젝트였다.

세계의 많은 천문대가 그렇듯이 이 수 킬로미터 넓이의 안테나 망은 오염을 피해 외딴곳에 있었다. 다만 이 경우 빛 공해가 아니라 인간이 방송하는 전파가 없는 곳이어야 했다. 텔레비전, 휴대폰, 컴퓨터, 라디오가 방출하는 주파수는 모두 초창기 우주의 원시 수소로부터 방출되는 전파를 포착하기 위해 머치슨 광역 배열 망원경이 맞춰진 바로 그 주파수다. 이는 기술의 발전이 천문학자들을 돕기보다 어떻게 방해할 수 있는지를 보여 주는 또 하나의 예일 뿐이다.

어느 날 마티아스를 비롯한 몇몇 사람들과 함께 점심을 먹던 중 이 모든 전파 오염에 대해 생각하다가 한 아이디어가 떠올랐다. 만약 우리 문명이 그렇게 많은 잡음을 자주 방출한다면, 아마 다른 문명들도 그러할 것이다. 마티아스와 내가 연구하고 있던 바로 그 별들 사이에서 존재할지도 모를 외계 문명들 말이다.

직관적이고 즉흥적인 아이디어였다. 마티아스는 처음에 웃어넘겼다. 하지만 기반 문제 기관Foundation Questions Institute의 설립 취지가 틀에 박히지 않은 프로젝트에 대한 지원임을 알게 되고 나서는 우리에게 더 진지한 문제가 되었다. 과거 경력에 관련 주제와 엮였다는 부담이 없고 주류 과학자로서의 명성에 의지할 수 있었던 나는 마티아스에게 이 흥미로운 일화를 독창적인 연구 프로젝트로 바꾸자고 제안했다. 우리가 세티SETI(Search for Extraterrestrial Intelligence, 외계 지성체 탐색) 연구소와 무관한 우주론 학자라는 사실은 이 프로젝트에 더 많은 신뢰와 자금을 제공해 주었다. 세티 연구소는 늘 주류 과학 조직의 영역 밖에 있었고 첨단 전파 탐지기와 분석 기법을 많이 보유하지 못했기 때문이다.

* * *

나는 오랫동안 세티가 천문학계에서 받아 온 적대감을 알고 있었다. 그리고 오랫동안 그 적대감이 이상하다고 생각해 왔다. 주류 이론 물리학자들은 이제 우리가 모두 잘 알고 있는 세 가지 차원(쉽게 말해서 가로, 세로, 높이)과 네 번째 차원인 시간을 넘어선 공간적 추가 차원들에 관한 연구를 폭넓게 받아들이고 있다. 이러한 추가 차원에 대한 증거가 없는

데도 말이다. 마찬가지로 가상적인, 즉 상상할 수 있는 모든 일이 동시에 일어나는 무한한 수의 우주가 존재하는 다중 우주도 이 행성에서 존경받는 많은 사람의 마음을 차지하고 있다. 그런 일이 가능하다는 증거가 없는데도 말이다.

내 불평은 그런 노력에 대한 것이 아니다. 오히려 이론들이 증식하기를 (그리고 뒷받침할 증거를 제공할 수 있는 반복 가능한 실험들을 만들어 내기를) 바란다. 내가 문제 삼는 것은 세티에 자주 던져졌던 의혹이다. 생명 현상을 지구 밖에서 찾는 탐색은 이론 물리학의 일부 비약에 비하면 오히려 보수적인 선 안에 있다. 우리 은하는 표면 온도와 크기가 지구와 비슷한 행성을 수백억 개 보유하고 있다. 전반적으로 우리 은하의 별 2,000억 개 중 약 4분의 1이 궤도에 지구처럼 거주 가능한 행성들을 거느리고 있는데, 그 행성들의 표면에는 액체 상태의 물이 있으며 생명에 필요한 화학 반응이 가능하다고 알려져 있다. 너무나 많은 세계(우리 은하계에만 500억 개)가 지구와 유사한 생명 친화적 조건을 갖추고 있으므로 지구가 아닌 곳에서도 지적 유기체가 진화했을 가능성이 매우 높다.

게다가 이 숫자는 우리 은하 안에서 거주할 수 있는 행성들만 센 것이다. 우주의 관측 가능한 부피 안에 있는 다른 모든 은하를 더하면 거주할 수 있는 행성의 수는 제타, 즉 10^{21}개로 증가하는데, 이는 지구상 모든 해변에 있는 모래

알갱이 수보다 많은 것이다.

외계 지성체를 찾는 일에 대한 저항은 부분적으로 많은 과학자가 경력을 쌓는 동안 저지르는 실수를 줄이기 위해 채택하는 보수주의에 기인한다. 보수주의는 저항을 최소화하는 길이며 실제로 효과가 있다. 이런 방식으로 이미지를 유지하는 과학자들은 더 많은 명예와 더 많은 상과 더 많은 기금을 얻는다. 그리고 이는 슬프게도 그들의 메아리 방 효과를 가중시킨다. 기금이 앵무새처럼 같은 생각을 반복하는 연구 단체를 키우기 때문이다. 이는 눈덩이처럼 불어날 수 있다. 메아리 방이 사상의 보수성을 증폭시켜 일자리를 구하기 위해 줄을 서야 한다고 생각하는 젊은 연구자들이 지닌 호기심의 목을 비튼다. 이를 억제하지 않으면 이 추세는 과학적 합의를 자기 충족적 예언으로 바꿀 수 있다.

해석을 제한하거나 망원경에 블라인드를 치면 발견을 놓칠 위험이 생긴다. 갈릴레오의 망원경을 들여다보길 거부한 성직자들을 떠올려 보라. 과학계의 편견이나 폐쇄적 사고방식은 외계 생명체, 특히 지성체를 찾는 데 도저히 설명할 수 없을 만큼 강력하고 넓게 퍼져 있다. 많은 연구자는 어떤 기괴한 물체나 현상이 발달한 문명의 증거일 가능성을 고려조차 하지 않는다.

이러한 과학자 중 일부는 단순히 그런 추측에 관심을 둘 가치가 없을 뿐이라고 주장한다. 하지만 이미 언급했듯이 다른 형태의 추측들은 과학계 주류에 당당히 수용되었다. 다중우주의 존재와 끈 이론에 의해 예측된 추가 차원이 그 예인데, 이러한 아이디어는 그중 어느 하나도 관찰 증거가 없고 아마도 앞으로도 절대 없을 것이라는 사실에도 불구하고 수용되었다.

세티의 주제와 이에 대한 학계의 반발은 이후 다시 다룰 예정이다. 그것에 함축된 전체 시야를 이해하게 되면 더욱더 중요해질 수밖에 없는 주제이기 때문이다. 일단 지금은 많은 주류 과학의 아이디어와 비교해서 외계 생명체를 찾는 탐색, 심지어 지성체를 찾는 탐색까지도 그렇게 투자보다 투기에 가까운 노력은 아니라고 말해 두는 것으로 충분하다. 어쨌든 지구상에 기술 문명이 나타났고, 우리는 지구 같은 행성들이 수없이 많다고 알고 있다.

* * *

마티아스와 내가 외계 문명의 신호를 감지하는 문제를 추구한 이유는 우리가 그러한 문명의 의사소통을 즉각 듣게 될 것이라고 생각했다기보다는 다른 물음에 관한 관심과 노력에 직접 도움이 될 것이라고 믿었기 때문이다. 그 물음은 바로 '우리는 외톨이인가?' 이다.

마티아스와 함께 진력하는 여러 해 동안 나는 점점 더 많은 세티 관련 문제에 관심을 두게 되었다. 그것이 이끄는 물음에 답변이 될 만한 증거는 어떻게 찾아야 할까? 이는 내 호기심을 자극하는 주제(블랙홀의 본질, 우주의 시작, 아광속 여행의 가능성 등) 목록에 포함되었다. 그리고 나는 관심사가 겹치는 어느 학자와도 기꺼이 함께 일한다. 그러다 보니 외계 지성체를 찾는 일에만 몰두하는 것으로 알려진 몇몇 과학자들과도 함께하게 되었다.

그 후 프린스턴 대학의 천체 물리학자인 에드 터너Ed Turner와 내가 인공적으로 생성된 빛의 증거를 찾는 방법을 처음으로 생각해 냈다. 우리는 현대식 망원경으로 먼 거리에 있는 우주선이나 도시의 희미한 모습을 찾을 수 있다고 생각했다. 프리먼 다이슨의 격려를 받은 우리는 물음을 뒤집어서, 그 당시 태양계에서 가장 먼 행성이었던 (나중에 왜소행성으로 재분류된) 명왕성에서 크기와 밝기가 도쿄만 한 도시를 볼 수 있을지 궁금해졌다. 우리의 제안은 실질적이기보다 이론적이었다. 우리는 도시를 찾기 위해 명왕성이라는 얼음덩어리에 망원경의 초점을 맞춘다는 생각을 진지하게 한 적이 없었다. 오히려 우리는 반짝이는 별들 사이에서 우리가 (또는 어떤 문명이든) 도시의 눈에 띄는 광학적 특징을 찾기 위해

할 수 있는 일이 무엇인지 알아내려는 생각 연습을 했다.

허블 우주 망원경 같은 기술적 정교함을 갖춘 도구를 사용하여 인공광의 특징을 오랫동안 살펴본다면, 태양계 가장자리에서 도쿄를 실제로 볼 수 있다고 밝혀졌다. 그리고 태양으로부터의 거리가 점점 멀어져 감에 따라 얼마나 희미해지는지를 보면 그 빛이 태양광을 반사하는 빛인지 아니면 고유의 빛인지를 구분해 낼 수 있다.

2014년이 되자 우주에 우리뿐인가 아닌가 하는 문제를 진지하게 받아들였던 내 명성은 피파FIFA 회장이 제기한 기발한 행성 간 월드컵의 가능성을 평하기 위해 《스포츠 일러스트레이티드》지의 기자가 연락해 올 정도로 커졌다. 원래 논평이 얼마나 우스갯소리였든 간에 그 잡지는 누군가가 그런 아이디어의 실현 가능성에 무게를 두기를 원했다. 나는 뚝심 있게 팀을 수송하는 데 필요한 기술에서부터 경기장의 공기 조건을 합의하는 데 이르기까지의 다양한 장벽들을 기자가 넘어가게 했으며, 그 전에 먼저 경쟁할 지성체를 찾아야 한다는 점을 명백히 지적했다.

우리의 목표는 내가 생각했던 것보다 더 가까이 있었다. 그맘때 유리 밀너가 훨씬 더 진지한 목적으로 나를 찾아왔다.

* * *

실리콘 밸리의 억만장자 사업가 유리 밀너는 자기 의도를 강렬히 내뿜는 사람이다. 그는 소련에서 태어나 모스크바 대학에서 이론 물리학을 공부했고 펜실베이니아 대학 와튼 스쿨에서 MBA를 취득하여 놀라운 성공을 거둔 투자자가 되었다. 유리 밀너가 투자한 회사로는 페이스북, 트위터, 왓츠앱, 에어비앤비, 알리바바가 있다.

2015년 5월 유리와 나사의 에임스 연구 센터Ames Research Center의 전 책임자 피트 워든Pete Worden은 하버드 대학 스미스소니언 천체 물리학 센터에 있는 내 사무실에 들러 그들이 시작한 새로운 프로그램인 스타샷 이니셔티브라는 프로젝트에 참여하라고 권했다. 그들은 우리와 가장 가까운 항성계에 도달할 수 있는 우주선을 설계하고 발사할 팀을 지원하고 싶어 했다. 그 목적지는 지구로부터 약 4.27광년 떨어진 곳에서 서로 공전하는 세 개의 항성으로 이루어진 알파 센타우리였다.

유리가 그런 사업을 추진한다는 것은 놀라운 일이 아니었다. 2012년 유리와 그의 아내 줄리아는 브레이크스루상Breakthrough Prize을 제정했다. 매년 국제적으로 기초 물리, 생명 과학, 수학의 세 개 분야에서 활동하는 학자들에게 상금을 수여했다. 상금은 각 300만 달러에 달했다. 1년이 안 되어 페이스북의 공동 창립자 마크 저커버그, 구글의 공동 창립자 세르게이 브린, 23앤드미23andMe의 공동 창립자 앤 워치츠키Anne Wojcicki가 합류하여 이 상을 후원하게 되었다.

2015년이 되자 유리는 자신을 흥분시키는 과학 프로젝트를 진전시키기 위한 더 직접적이고 야심 찬 방법들을 생각하고 있었고 그래서 '브레이크스루 이니셔티브'를 시작했다. 초점은 명확했다. 이 프로젝트는 인류가 직면한 두 가지 가장 근본적인 질문에 답을 찾는 것이었다. 우리는 외톨이인가? 그리고 우리가 힘을 합쳐 생각하고 행동한다면 다른 별로 도약할 수 있을 것인가?

유리는 어렸을 때 소련의 천문학자 이오시프 쉬클로프스키Iosif Shklovskii의 《우주, 생명, 지능》(1962)을 읽은 이래로 줄곧 이 질문들에 매료되어 있었다(쉬클로프스키는 후에 미국 천문학자 칼 세이건과 영어로 《우주의 지성체Intelligent Life in the Universe》를 공동 저술했다). 유리의 부모가 유명한 소련 우주비행사 유리 가가린의 이름을 따서 그의 이름을 지은 것도 영향을 주었을지도 모른다. 유리 가가린은 어린 유리가 태어난 해인 1961년 우주로 날아간 최초의 인간이 되었다.

나는 유리가 자기 요청을 완전히 드러내 놓기도 전에 참여할 준비가 되어 있었다. 지구 너머에 생명체가 존재하는

프록시마 b 상상도. 태양계 밖에서 가장 가까운 거주 가능 행성이다. 이 행성은 2016년 8월에 발견되었는데, 질량이 지구의 대략 1~2배이고 지구에서 4.24광년 떨어져 있으며 태양의 12% 질량인 왜성 프록시마 센타우리의 주위를 돈다. 프록시마 b는 지구와 비슷한 표면 온도를 가지고 있지만 어둑한 주성에 근접해 있어서 조석 고정으로 양쪽 면에서 각각 영원한 밤낮이 계속될 가능성이 높다. ESO

지 탐구하려는 유리의 대담하고 성실한 관심은 내 관점에 완전히 부합했다. 그런데도 유리의 기대를 만족시키는 일은 만만치 않았다. 유리는 내가 알파 센타우리의 삼중 성계로 탐사선을 보내 생명체가 있는지 알아보는 프로젝트를 이끌기를 원한다고 설명했다. 여기서 함정은 유리가 살아 있는 동안 해내야 한다는 것이다. 나는 적절한 기술적 개념을 생각해 내기 위해 6개월이라는 시간을 요구했다.

학생들 및 박사 후 연구원들과 함께 스타샷 이니셔티브(이하 스타샷)의 목표를 달성하기 위한 선택지를 비판적으로 검토했다. 알파 센타우리 시스템 안에서는 지구에서 가장 가까운 별인 프록시마 센타우리가 매력적인 목표였다. 기쁘게도 스타샷이 발표된 지 불과 몇 달 만에 이 왜성이 거느린 프록시마 b라는 행성에 거주 가능 지역이 있다고 밝혀졌다.

그동안 지구에서 우주로 발사된 우주선은 모두 화학 추진 로켓인데, 이것으로는 프록시마 b까지 도달하는 데 약 10만 년이 걸린다. 유리는 56세였고 그래서 그가 살아있는 동안이라는 기한을 고려하면 추진 로켓은 가망이 없었다.

몇십 년 이내에 프록시마 b에 도착하기 위해서는 빛의 5분의 1 속도로 여행할 수 있는 우주선이 필요했다. 모든 연료 가운데 (사용할 수 없는 반물질을 제외하면) 에너지 밀도가 가장 높은 핵연료를 사용한다고 해도 추진 로켓이 그 속도에 도달하기는 불가능할 것이다. 그리고 뉴턴의 제2 운동 법칙, 즉 물체의 가속은 그 질량과 작용하는 힘으로 결정된다는 법칙에 따라 우주선은 가능한 한 무게가 적게 나가야 한다.

물체를 원하는 속도로 가속하려면 엄청난 양의 에너지가 필요하다. 물체가 가벼울수록 필요한 에너지가 줄어든다. 그러므로 우리 우주선의 탑재량은 몇 그램 이하여야 했다. 이는 또 다른 도전으로 이어졌다. 우리 우주선은 10만 년보다 훨씬 짧은 시간 안에 광대한 거리를 탐사해야 할 뿐만 아니라, 일단 프록시마 센타우리에 도달하게 되면 우리가 탐지할 수 있는 방식으로 사진을 찍어 지구로 보낼 수 있어야 했다. 또한 가볍고, 작고, 비싸지 않게 제작되어야 했다. 오늘날 휴대폰에 있는 것과 비슷한 카메라와 송신기가 되어야 한다는 의미다. 우리의 계산에 따르면 그 기술에 약간의 수정만 하면 되었다.

우리는 여러 아이디어를 버리고 남은 아이디어들을 다듬어서 결국 반사하는 돛(본질적으로 거울)에 매달린 경량 우주선을 발사하는 계획으로 수렴했다. 태양광이 가하는 압력에 의해 추진되는 인공 물체인 태양 돛에 대한 아이디어는 수 세기 전부터 있었다. 일찍이 1610년 요하네스 케플러는 갈릴레오에게 '하늘의 바람을 받는 배나 돛'이라고 썼다. 그러나 1970년대까지 이러한 물체를 만들 가능성은 아주 희박

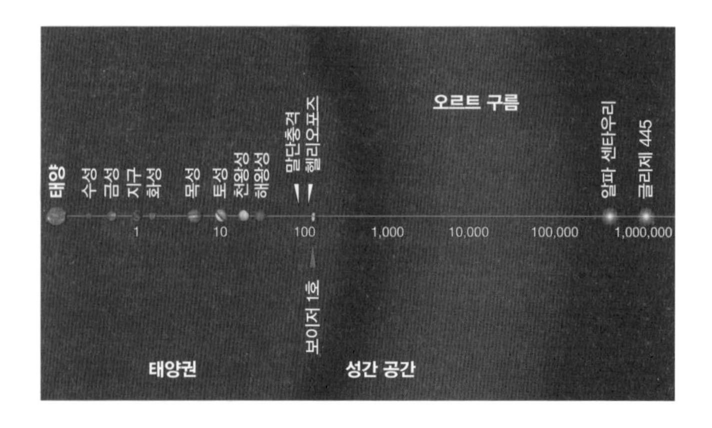

4광년 떨어진 곳에 있는 가장 가까운 성계인 알파 센타우리까지 가는 여정은 통상적 화학 추진 로켓으로 수만 년이 걸린다(인류가 처음 아프리카를 떠났을 때 출발했다면 지금쯤 도착했을 것이다). 태양계의 경계는 오르트 구름으로 구분 지어지는데, 알파 센타우리까지 가는 길의 절반이 이 구름으로 덮여 있다. 표에서 거리는 지구와 태양 사이의 거리인 천문단위AU로 표기되어 있다(1AU=1억 5,000만 km). 2012년에 보이저 1호가 헬리오포즈(태양권 계면)를 지나갔는데, 이는 태양풍이 성간 가스와 충돌하는 경계면이다. Mapping Specialists, Ltd. adapted from NASA/JPL-Caltech

한 정도조차 못 되었다. 한 가지 예로 빛은 흡수되면 열로 변한다. 이는 낮잠을 잘 양지를 찾는 개나 고양이도 알고 있다. 그래서 아무 거울이나 사용할 수 없었다. 거울에 비친 빛 중 10만분의 1만 흡수되어도 타 버릴 수 있다. 게다가 우리는 그 빛의 돛에 매우 강력하고 정확한 레이저를 쏴야 했다.

이 역시 완전히 독창적인 생각은 아니었다. 레이저 추진 돛의 개념은 내가 태어난 해인 1962년 선견지명이 있는 로버트 포워드Robert Forward가 고안해 냈고 그 후 필 루빈Phil Lubin과 같은 과학자들이 발전시키며 소형 전자 제품과 현대 광학 디자인이 포함되었다. 하지만 그동안 이렇게 현실화에 가까워진 적이 없었다.

우리 계산대로라면 대략 사람 크기의 돛에 100GW의 레이저 광선을 몇 분 동안 쏘아서 추진시켰을 경우, 그 돛과 거기 장착된 카메라와 통신 장치로 된 우주선이 달보다 5배 멀리 떨어진 곳으로 갈 때쯤에는 빛의 5분의 1 속도가 될 수 있었다. 말하자면 이것은 우주선의 열린 활주로가 될 것이다. 레이저 광선은 이 거리를 가로질러서 우주선을 우리가 죽기 전에 가장 가까운 별에 도달하기에 충분한 속도로 발사할 수 있다.

우리가 제안한 모든 것은 현존하는 기술적 한계 안에 있었다. 어려운가? 그렇다. 비싼가? 다소 그렇다. 스타샷은 유럽 핵 공동 연구소CERN의 강입자 충돌기나 제임스 웹 우주 망원경에 비할 만한 가장 큰 과학 프로젝트에 들어갔지만, 아폴로 달 탐사보다 더 저렴했다(스타샷에 대해 들은 많은 사람은 50년 전 아폴로 탐사 이후로 그렇게 흥분한 적이 없었다고 고백했다). 게다가 효율적이기까지 했다. 일단 만들어지면 발사 시스템은 비슷한 다른 우주선들을 보내는 데 사용할 수 있었다. 이 우주선들을 탐사선이라고 생각하는 게 더 맞겠지만, 우리는 습관적으로 스타칩StarChips이라고 부르게 되었다.

이 과업을 시작한 지 몇 달이 지난 2015년 8월 나는 박사 연구 과정에 있는 제임스 기요숑James Guillochon과 광선 항해에 관한 논문을 공동 집필했다. 그러면서 인간이 이 기술을 고안해 냈으니 다른 지성체들도 그럴 수 있다는 영감을 받았다. 그 가설에 근거하여 우리는 과학자들이 외계 생명체가 성간에서 그들의 우주선을 보내기 위해 사용할지도 모르는 일종의 마이크로파 광선을 찾아야 한다고 주장했다.

《천체 물리학 저널Astrophysical Journal》에 우리의 논문이 발표된 2015년 10월은 아직 스타샷에 대한 공식적인 발표가 있기 전이었고, 제임스와 내가 내놓은 것은 스타샷 도전에서 가능한 해결책을 찾기 위해 우리 팀이 모색한 한 결과일 뿐이었다. 하지만 유리의 제안에 대한 우리의 초기 평가 과정이 논문으로 게재된 것은 보람 있는 일이었다.

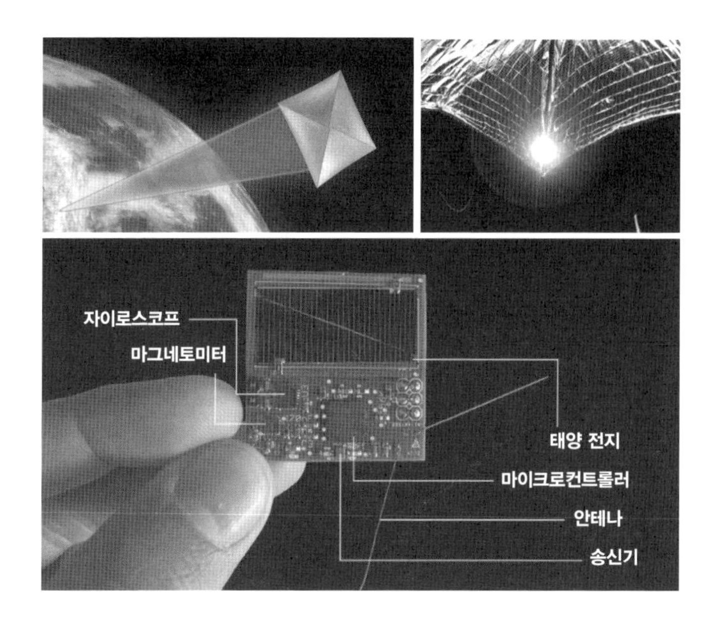

왼쪽 위: 스타샷 상상도. 스타샷은 빛의 돛을 지구에서 강력한 레이저 광선으로 미는 프로젝트다. Breakthrough Starshot/A. Loeb
오른쪽 위: 2019년 7월 23일 행성 협회 Planetary Society에 의해 전개된 태양 '빛의 돛 2' 사진. 32m²짜리 돛을 통해 태양이 보인다. Planetary Society
아래: 카메라와 함께 돛에 달릴 경량 전자기기, 즉 스타칩. Breakthrough Starshot/A. Loeb

논문 게재는 기대하지 않았던 결과도 초래했다. 언론이 관심을 기울인 것이다. 매체의 관심은 암흑 물질, 최초의 별, 블랙홀의 본질에 대한 나의 이전 가설들에서 유도되고 동일한 원칙을 따랐던 우리의 연구 목표 중 하나가 아니었다. 나중에 돌이켜보고 나서야 이 예상치 못한 언론의 관심이 다가올 일의 징조였음을 깨닫게 되었다.

* * *

하버드 대학으로 돌아온 뒤 우리는 일을 계속했고, 유리와 피트 워든을 만난 지 6개월 뒤에 피트로부터 예정되었던 전화를 받았다. 피트와 유리는 캘리포니아에 있는 유리의 집에서 2주 안에 우리 팀의 연구 결과를 나한테서 직접 보고받기를 원했다.

약 20년 안에 가장 가까운 별에 도달하기 위한 그럴듯한 계획을 짜기 위해 단 6개월이라는 시간을 요구했을 때부터 나는 야망을 품고 있었다. 이제 모든 것을 재빨리 요약해서 소수의 배석자가 자금을 지원하도록 설득해야 했다. 그리고 그 위원회는 당시 살아 있는 가장 유명한 이론 천체 물리학자인 스티븐 호킹이 참여함으로써 완성될 예정이었다. 내가 제출한 보고서를 검토할 과학계 저명인사는 스티븐 호킹만이 아니었다. 프리먼 다이슨은 이 연구에 대해 나와 일상적으로 편지를 주고받았고 스타샷에도 관심을 보이기 시작했다.

피트에게서 연락을 받았을 때 나는 휴가 중이었고, 아내가 주말을 보내고 싶어 했던 이스라엘 남부 네게브 지방에 있는 한적한 염소 농장을 방문하러 호텔 방 문을 나서던 길이었다. 그러고 바로 다음 날 아침부터 염소 농장의 사무실 벽에 등을 기대고 앉아 발표를 준비했다. 인터넷이 가능한 유일한 장소였다.

나에게는 아주 이상적인 장소였다. 날씨는 시원하고 건조했다. 나는 전날 태어난 염소들을 돌보았다. 모두 익숙한 일이어서 두 누나 릴리과 쇼시와 함께 자라 온 농장을 떠올리게 했다. 내 일 중에는 알을 모으고 방금 태어난 병아리가 우리에서 탈출했을 때 울타리 안으로 몰아넣는 일도 있었다. 나는 이렇게 친숙한 환경에서 빛의 돛 기술을 이용한 인류 최초의 성간 탐사 계획을 작성했다.

2주 뒤 나는 팰로앨토에 있는 유리의 집을 방문해서 그가 정한 요건에 부합하는 계획이 있다고 발표했다. 우리가 살아 있는 동안 프록시마 센타우리로 우주선을 보내는 일은 기술적으로 실현 가능했다.

유리는 기뻐하고 흥분했다. 피트도 마찬가지였다. 몇 달간의 심대한 토론 끝에 그들은 스타샷을 2016년 4월 12일 뉴욕에 있는 세계 무역 센터 꼭대기 전망대에서 발표하기로 했다. 이날은 1961년 4월 12일 인류 최초로 우주에 진출한 유리 가가린을 기념하는 '유리의 밤'이었다. 유리 밀너와 함께 무대에 섰을 때 내 옆에는 프리먼 다이슨과 스티븐 호킹이 있었다. 위원회가 제시한 역사적 비전은 녹화되어 텔레비전을 통해 전 세계에 방송되었다. 다음 날 아침 아내가 오일 교환을 위해 차를 가지고 정비소에 갔는데, 우연히 이 방송을 본 정비사가 내가 함께 안 왔는지 물었다. 아내가 발표 때문에 못 왔다고 말하자, "굉장한 프로젝트예요. 그것을 다룬 뉴스를 모두 읽었어요"라고 그가 말했다. 우리 생애에 또 다른 별을 방문한다는 비전은 아폴로 11호의 달 착륙을 연상시키는 방식으로 대중의 상상력을 사로잡았다. 그리고 발표 후 17개월 만에 판스타스의 망원경에 오무아무아가 발견되었다.

* * *

여기서 잠시 오무아무아가 발견된 직후 몇 주 동안 밝혀진 증거를 다시 살펴보도록 하자. 오무아무아는 작고 이상하게 생긴 빛나는 물체로서 태양의 중력에 의해 형성된 궤도와 편차를 보이면서도 식별할 수 있는 혜성 꼬리(혜성의 얼음이 마찰과 태양의 열기로 인해 증기로 변하여 가스로 분출됨으로써 생김)를 보여 주지 않았다. 스피처 우주 망원경을 비롯한 탐지기로 깊이 탐색했는데도 말이다.

증거들은 확실했다. 그리고 이 때문에 우리는 오무아무아의 확인된 변칙 중 처음 세 개, 다시 말해 꼬리 없는 특이한 궤도, 극단적인 모양, 인류가 목록화한 모든 다른 물체들과 통계적으로 크게 다른 광도를 확신하고 선언할 수 있다. 이 특징을 통계적 용어로 표현하자면, 추가 척력과 혜성 꼬리가 없다는 것을 근거로 오무아무아는 보수적으로 말해 수백 개 중 하나 있을까 말까 한 물체다. 모양 역시 보수적으로 말해 100분의 1의 확률로 존재하는 물체다. 그리고 반사율을 바탕으로 하면 적어도 10분의 1의 확률로 존재하는 물체다. 이 세 가지 변칙적인 특성을 곱하면 우리는 오무아무아가 얼마나 특이한지를 알 수 있다. 그것이 존재할 확률은 100만분의 1이 되는 것이다.

우리가 알고 있듯이 오무아무아의 미스터리는 궤도, 모양, 반사율 이 세 가지 특성으로 끝나지 않는다. 그러나 이 세 가지 특성만으로도 우리의 첫 번째 성간 방문자가 지금까지 우리가 태양계를 통과한 것으로 알고 있는 암석 소행성과 얼음 혜성을 닮았을 것이라는, 이해는 가지만 순진한 기대를 분명히 **거부**한다.

하지만 이러한 변칙에도 대부분의 과학자는 가장 친숙한 설명을 고수했다. 오무아무아는 자연적으로 발생하는 물체, 즉 소행성 또는 혜성일 것이라는 설명이다. 대부분이 그랬지만 그래도 전부는 아니었다. 당신도 보시다시피 우리 학계에도 변칙이 있다.

스타샷에 대한 연구가 마음에 새로이 떠오르면서 나는 다른 가설에 이끌리게 되었다.

5장 빛의 돛 가설

*

2018년 9월 초 오무아무아가 우리 머리 위를 지나간 지 약 1년 후 나는 《사이언티픽 아메리칸》에 외계 문명의 유물, 특히 죽은 문명의 유물을 탐색하는 결과가 무엇일지에 관한 에세이를 썼다. 나는 케플러 위성 데이터를 바탕으로 모든 항성의 4분의 1이 거주 가능한 지구 크기의 행성을 거느리고 있다고 주장했다. 비록 이 모든 거주 가능한 지구들 중 극히 일부만이 모항성의 일생이 끝나기 전에 우리와 같은 기술 문명을 만들어 낸다고 해도, 우리 은하에는 우리가 탐사할 수 있는 유물들이 널려 있을 것이다.

내 이론대로라면 이 거주 가능한 세계 중 일부는 이전 문명에 대한 증거를 가지고 있을지도 모른다. 이 증거는 대기 또는 지질학적인 흔적에서부터 버려진 거대 구조물에까지 이를 수 있다. 하지만 더욱 흥미로운 일은 눈에 띌 만한 기능을 잃은 기술적 유물이 우리 태양계로 날아 들어오는 것을 발견할 가능성이다. 예를 들어 수백만 년간 여행하면서 전력을 잃고 우주 쓰레기가 된 장비들 말이다.

나는 우리가 이미 그러한 기술적 유물 중 하나를 발견했을 가능성이 분명히 있다는 데 꾸준히 주목해 왔다. 2017년 가을에 발견된 오무아무아를 언급하면서 우리가 축적한 변칙적인 증거를 요약하고 나서, 예상 궤도와 다른 편차 및 다른 특이성들을 감안할 때 "오무아무아는 인공 엔진이었을까?"라는 수사적인 질문을 던졌다.

외계 문명을 감청한다는 아이디어처럼 그건 그냥 지나가는 생각이었다. 스타칩을 내 머릿속에서 몰아낼 수 있었다면 그 생각을 그냥 그대로 놔두는 것으로 만족했을지도 모른다.

* * *

그 무렵 새로운 박사 후 연구원인 슈무엘 바이얼리Shmuel Bialy가 내가 이사로 있는 하버드 이론 및 계산 연구소에 들어왔다. 나는 바이얼리에게 오무아무아의 과도한 가속도를 태양 복사를 통해 설명하는 논문을 공동 작업하자고 제안했다. 스타샷을 개념화하는 과정에서 있었던 빛의 돛에 대한 이전 연구로 나는 빛의 돛 기술에 의한 성간 여행의 과학적 제약과 가능성을 잘 알고 있었다. 관련된 공식들은 모두 내 마음속에 생생했고 오무아무아에 태양광이 가하는 독특한 힘을 설명하기 위해 적용될 준비가 되어 있는 듯했다. 분명히 말해 두지만 당시 나의 태도는 그저 **될지도 모른다**는 것이었다. 천문학계는 성간 천체라는 흥미로운 발견을 선물 받았고, 우리는 이 물체에 대해 혼란스러운 데이터를 막대하게 수집했다. 우리는 그 모든 것과 일치하는 가설을 얻기 어렵다는 사실에 직면했다. 바이얼리에게 함께 오무아무아의 편차를 태양광으로 설명하자고 제안했을 때 나는 언제나처럼 한 과학적 원리를 따르고 있었다. 모든 데이터를 만족시키는 가설 말이다.

바이얼리는 수치를 확인하고 몹시 흥분했다. 내가 제안한 아이디어는 실현 가능한 것처럼 보였고 이는 새로운 질문으로 이어졌다. 편차를 설명하려면 오무아무아의 크기와 구조를 어떻게 가정해야 할까? 핵심은 오무아무아의 과도한 가속도를 설명하려면 극한의 겉넓이 대 부피 비율을 얼마나 얇게 상정해야 하는가였다. 우리는 태양광의 힘이 효과를 발휘하려면 오무아무아가 1mm보다 얇아야 한다고 계산했다.

이것의 의미는 명백했다. 자연은 우리가 추측하는 크기와 구조 같은 것을 만들어 낼 능력을 보여 준 적이 없고, 따

오무아무아를 기존의 시가형 바위(오른쪽) 모양과 대비하여 빛의 돛(왼쪽) 모양으로 묘사한 상상도. Mark Garlick for Tähdet ja avaruus/Science Photo Library

라서 무언가가 또는 누군가가 그런 빛의 돛을 만들었을 것이다. 오무아무아는 외계 지성체에 의해 설계, 제작, 발사되었음이 틀림없다.

이는 확실히 이색적인 가설이다. 그러나 오무아무아의 별난 특성을 설명하기 위해 제안된 다른 가설들보다 더 이색적이진 않다. 자연은 공기보다 더 희박하고 구조적으로 응집력이 있는 순수한 수소 혜성이나 솜털 같은 물질 구름을 만들어 내는 경향을 보이지 않았다. 결론의 색다름은 거의 전적으로 오무아무아가 자연적으로 발생한 물체가 아니라는 가정에 달려 있었다.

빛의 돛 추론은 기이하게 보일지 모르지만 추론에 도달하기 위해서는 어떤 무모한 도약도 필요하지 않다. 바이얼리와 나는 논리적인 길을 걸었다. 우리는 증거를 따랐고 과학 탐정의 위대한 전통 속에서 셜록 홈즈의 격언을 철저히 따랐다. "불가능한 것을 제거하고 남은 것이 **아무리 가능성이 희박할지라도** (그것이) 진실이 되어야 한다." 그래서 우리의 가설은 이렇다. 오무아무아는 인공적이다.

우리는 〈태양 복사압이 오무아무아의 특이한 가속을 설명할 수 있을까?Could Solar Radiation Pressure Explain 'Oumuamua's Peculiar Acceleration?〉라는 논문에서 이러한 가설을 설명했다. 이 논문에서 우리는 오무아무아에 대한 다양한 질문들과 맞섰다. 우리는 오무아무아가 우주를 힘들게 가로지르며 입을 수 있는 손상을 설명했다. 우주 먼지와 충돌하거나 회전에 의한 원심력으로 받는 지속적인 변형 같은 것들이 그 예다. 우리는 그러한 손상이 물체의 질량과 속도에 미칠 수 있는 영향에 대해 논의했고 그런 영향이 매우 미미하다는 것을 발견했다. 방정식에 방정식을 거듭하여 물체의 두께와 질량에 대한 적용 가능한 데이터로부터 결론을 도출했고, 이는 물체의 겉넓이 대 부피 비율을 알려 주었다. 그리고 논문의 마지막에 우리는 다음과 같은 가설을 내놓았다. "복사압이 가속력이라면 오무아무아는 자연적으로 생성되었거나 … 아니면 인공적으로 기원한 새로운 종류의 얇은 성간 물질임을 의미한다." 또 계속해서 이렇게 썼다. "인공적 기원을 고려해 보자면 한 가지 가능성은 오무아무아가 첨단 기술 장비의 잔해로서 성간 우주를 떠다니는 빛의 돛일 가능성이다."

2018년 10월 말 우리는 이 논문을 시의성과 영향력이 큰 논문들을 주로 싣는 권위 있는 과학지《천체 물리학 저널 회보Astrophysical Journal Letters》에 제출했다. 우리는 증거와 가설을 저울질하고 있는 동료 과학자들의 주의를 끌려고 했다. 이 가설도 고려해야 한다는 의미에서였다. 그래서 우리는 동료 심사를 받기 전 온라인 사전 출판 사이트 아카이브(arXiv.org)에도 논문을 올렸다. 과학 전문 기자들은 꾸준히 아카이브를 뒤지며 기삿거리를 찾는데, 기자 두 명이 우리 연구를 발견하고 해당 가설을 보도하기 위해 뛰었다. 그들의 기사는 입소문이 났고, 오무아무아가 발견된 지 약 1년 후인 2018년 11월 6일에 모든 것이 폭발했다.

* * *

첫 언론 보도가 나온 지 몇 시간 만에 나는 카메라에 둘러싸였다. 미국 사람 대부분이 중간 선거를 위해 치열하게 후보자를 가려내는 동안, 텔레비전 방송사 제작진 네 명이 매사추세츠 케임브리지 가든 스트리트에 있는 내 사무실로 몰려들었다. 나는 신문 기자들의 끊임없는 전화와 이메일에 동시에 응답하면서 방송사 제작진들의 질문을 받아내려 했다.

나는 여러 주제에 대해 논문을 써 왔기 때문에 대중 매체를 경험한 적이 꽤 있었지만 그렇게 큰 관심은 처음이었고 조금 압도되기까지 했다. 게다가 내가 오랫동안 일해 온 폴링 월스 콘퍼런스Falling Walls Conference(과학과 기술의 최신 발전에 대한 사회적 관심을 넓히는 눈부신 발견을 축하하기 위한 적절한 이름을 가진 모임이다)에서 대중 강연을 하기 위해 독일 베를린으로 떠날 준비를 하고 있던 상황이었다.

집으로 달려가 여행 가방을 움켜쥐었지만 차로 돌아가

기도 전에 집 주소를 추적한 취재진이 도착해 있었다. 내가 현관에 서자 기자가 물었다. "저 밖에 외계 문명이 있다고 믿습니까?"

나는 카메라를 보며 "모든 별의 4분의 1이 지구 정도의 크기와 표면 온도를 지닌 행성을 가지고 있습니다"라고 말했다. "우리가 외톨이라고 생각한다면 오만한 일일 겁니다."

내가 베를린에 도착해 비행기를 내렸을 때쯤에는 전 세계 언론들이 미국 언론과 비슷한 반응을 하고 있었다. 이 모든 일이 논문이 발표되기도 전에 일어났다.

언론의 관심으로 가설에 대한 사실적 근거를 더 많이 제시해야 할 필요를 감안하여 《천체 물리학 저널 회보》는 11월 12일에 우리의 논문을 발표했다. 제출하고 불과 3일 만에 발표를 승낙했는데, 그동안 낸 논문 중 가장 빨리 받은 응답이었다.

나는 논문이 발표된 데 감사했다. 그것은 점점 더 많은 과학자들이 오무아무아가 남긴 증거를 설명하기 위해 우리의 가설을 고려하고 있음을 의미했다. 하지만 학계의 상당수가 오무아무아가 외계 문명에서 유래했다는 이론을 많은 이색적 가설 가운데 하나로 여길 것이라고 착각하지 않았다. 나는 대다수가 그 아이디어를 고려하기조차 꺼리고 심지어 일부 과학자들은 적대적일 거라 생각했다. 나는 세티 과학자들의 생각을 지지하는 모든 주장에 품는 일반적인 의심에 대해 잘 알고 있었다.

가정이 상대적으로 온순하다는 점을 고려하면 대중의 쏟아지는 관심(논문 발표 뒤에도 커지기만 했다) 역시 아이러니하게 보였다. 불과 1년 전인 2017년 수소 원자와 관련한 변칙 보고(초기 우주가 예상보다 차갑다는 가정에 기반을 뒀다)에 뒤이어 나는 또 다른 하버드 박사 후 연구원 줄리안 무노즈 Julian Munoz와 함께 논문을 발표했다. 이 논문에서는 만약 암흑 물질이 아주 작은 전하를 가진 입자로 만들어졌다면 우주의 수소를 식힐 수 있어 보고된 변칙을 해명할 수 있다는 것을 보여 주었다. 이 가설은 《네이처》에 발표되었고, 오무아무아가 외계 기술이라는 나와 바이얼리의 가설보다 훨씬 더 추측적이었만 훨씬 덜 주목받았다.

분명히 말해서 나는 비록 할 수 있는 한 스스로를 잘 활용해 왔지만, 세간의 이목을 끌려고 노력하지도 않았고 딱히 그런 것을 즐기지도 않았다. 스타샷 같은 일로 관심을 끌려고 했던 과거에는 겨우 기자들 몇 명이 반응을 보였을 뿐인데도 감사했다. 평생 다양한 분야에서 전문 훈련을 받았지만 아무도, 특히 나 자신도 거기에 미디어 훈련을 포함할 생각은 하지 못했다. 나중에 생각해 보니 미디어 훈련을 받았어야 했다. 천문학 및 천체 물리학은 상당한 시간과 돈이 자주 요구되는 분야이며, 무엇이 가능하고 무엇이 필요한지에 대한 대중의 인식을 활용하는 일은 결코 우선순위가 낮을 수 없다.

* * *

내가 제기한 오무아무아가 인공적 기술일 수 있다는 가능성이 반감을 샀다고 말한다면 이 문제를 너무 가볍게 보는 것이다. 확실히 대중 매체는 기뻐했고 많은 대중이 매료되었다. 하지만 이를테면 내 동료 과학자들은 좀 더 신중해졌다.

2019년 7월 국제 우주 과학 연구소ISSI의 오무아무아 팀은 《네이처 천문학Nature Astronomy》에 애매모호한 결론을 발표했다. "우리는 오무아무아에 대한 외계인 설명을 뒷받침할 설득력 있는 증거를 찾지 못했다."[12] 바로 앞의 단락들에서는 바이얼리와 내가 내세운 외계 기술 이론은 자극적이지만 근거가 없다고 선언했다. 그러나 이 논문은 답을 찾지 못한 오무아무아의 변칙 목록으로 끝을 맺는데, 저자들은 이 목록을 '열린 질문'이라고 불렀다. 저자들은 또한 칠레의 베라 C. 루빈 천문대에 있는 첨단 망원경이 완전히 가동되었더라면 "오무아무아의 특성이 얼마나 흔한지 또는 드문지" 웬만큼 알 수 있는 데이터를 얻었을 것이라고 인정했다.

과학 전문 기자 미셸 스타Michelle Starr가 딱지 붙인 대로 '하버드 천체 물리학의 **무서운 아이**'가 되는 것은 결코 내가 바라던 일이 아니었다. 변칙에 대해 신기해하고 의문을 가지는 내 태도는 초등학교 등교 첫날 이후로 그대로 계속되어 온 것이다. 나는 한 과정 대신 다른 과정을 추구하려 할 때면 어떤 일이 뒤따를지를 생각할 만한 시간 동안 멈춰 있는다. 미셸 스타가 메릴랜드 대학의 천문학자이자 국제 우주과학 연구소 오무아무아 팀의 과학자 중 한 명인 매튜 나이트Matthew Knight에게 팀의 연구 결과를 요약해 달라고 요청하자 그는 "우리는 태양계에서 오무아무아 같은 것을 본 적이 없습니다.[13] 오무아무아는 여전히 미스터리입니다"라고 선언하고 나서 "하지만 우리는 우리가 알고 있는 것과의 유사성을 고수하기를 선호합니다"라고 덧붙였다.

좋다. 하지만 우리가 익숙한 유사성 쪽 끝에서부터가 아니라 미스터리 쪽 끝 골목에서부터 출발하면 무슨 일이 일어날까? 지배적인 추정과는 상충하지만 우리가 가지고 있는 데이터와는 일치하는 가능성을 즐기기 시작하면, 어떤 질문들이 생기고 어떤 새로운 길들이 나타나 해답을 추구할 수 있게 해 줄까?

한가한 질문이 아니다. 가지고 있는 데이터를 따르자니 우리는 예외적으로 희귀한 설명을 할 수밖에 없었다. 위 그룹의 구성원이 아닌 다른 주류 천문학자들은 오무아무아의 데이터를 주의 깊게 분석했고, 매우 이색적인 설명만이 그 물체의 변칙 행동을 설명할 수 있다는 것을 발견했다. 그들은 알려진 사실들을 모두 설명하기 위해 오무아무아는 공기보다 수백 배 더 희박한 물질로 구성된 솜털 같은 물체이거나 고체 수소 얼음으로 이루어진 혜성이라고 상상해야만 했다.

과학자들은 오무아무아의 입증된 특이성을 설명하기 위해 '전에 본 적 없던' 선택지를 제시해야 했다. 우리가 분류했던 그 많은 소행성과 혜성 중에서는 어느 것도 그런 특이성을 가지고 있지 않다. 만약 오무아무아에 대한 과학계 주류의 이런 설명이 숙고해 볼 가치가 있다면, 마찬가지로 '전에 본 적 없던' 가능성인 외계 기술이라는 가설 또한 그 못지않게 가치가 있다.

빛의 돛 가설에 따라 제기되는 질문들은 흥미롭기까지 하다. 오무아무아가 얼어 버린 순수한 수소로 이루어진 극도로 희귀한 혜성이라고 가정한다면, 질문 대부분은 막다른 골목에 다다른다. 우리가 오무아무아를 서로를 붙들고 있기에 충분할 만큼 내부적인 무결성을 가졌으면서도 여전히 태양광에 밀릴 수 있을 만큼 가벼운 솜털 같은 먼지 구름으로 상상한다 해도 마찬가지다. 두 경우 모두 놀랍기는 하지만 우리가 할 수 있는 것은 그뿐이다. 호기심 캐비닛의 선반에 놓이는 통계적으로 드문 것들에 불과할 뿐이며 과학 연구의 새로운 장을 열 수는 없다. 하지만 우리가 오무아무아의 외계 기술 기원에 대한 가설을 인정하고 과학적 호기심을 가지고 접근한다면, 우리 앞에 있는 증거와 발견에 새로운 지평이 열린다.

언론이 하버드 천문학과 과장과 그의 박사 후 연구원이 오무아무아를 외계 기술의 유물이라고 상정했다는 최초의 충격에서 벗어난 후, 나는 어디를 가든 빛의 돛에 대한 비난을 받게 되었다. 어쨌든 내가 스타샷에 참여한 것은 2년 전에 발표되었고, 우리의 목표는 빛의 돛 기술을 이용하여 가장 가까운 별로 전자 칩을 보내는 것이었다.

독일 주간지 《슈피겔》의 인터뷰 진행자는 감탄할 정도로 고집스럽게 "망치를 가지고 있는 사람은 못만 볼 것이다"라는 속담에 집착했다.

나는 대답했다. 맞다. 다른 사람들처럼 내 상상력은 내가 아는 것에 의해 인도되었다. 맞다. 다른 사람들처럼 내 아이디어도 내가 하는 일에서 영향을 받았다. 그러나 나는 그 속담의 문제가 망치를 휘두르는 사람보다는 망치에 초점을 맞췄다는 데 있다고 덧붙였어야 했다. 숙련된 목수들은 분명히 어디에서나 못만 보지 않을 뿐만 아니라 관찰하는 것들 사이에서 못을 구별하도록 훈련받는다.

6장 조개껍데기와 부표

*

나는 수집할 만한 조개껍데기를 찾으며 해변을 따라 걷기를 좋아한다. 휴가지에서 산책하고 탐색할 수 있는 사랑스러운 모래사장과 그럴 만한 자유시간이 있을 때면 몰두하는 취미다. 해변으로 쓸려 온 것을 살펴보는 시간을 종종 딸들과도 함께한다. 지난 몇 년 동안 우리는 정교하게 붙어 있는 이매패류, 별보배조개 그리고 회오리치는 소라고둥과 뿔고둥 껍데기로 멋진 컬렉션을 만들었다. 수집한 껍데기 중 몇 개는 자연 그대로이지만 닳아서 부분적으로 분해된 것이 훨씬 많고, 작은 조각들은 이제 우리가 걸어 온 백사장의 일부가 되었다.

조개껍데기를 찾는 동안 바다 유리 조각을 발견하곤 하는데, 바다에 버려진 병에서 나온 파편이 몇 년 동안 굴러다니면서 매끄럽게 만들어진 것이다. 그러면 공산품도 아름다운 것이 될 수 있다. 조개껍데기 사냥을 하는 동안 가끔 우리는 인간이 만든 덜 아름다운 다른 물건들, 이를테면 플라스틱병이나 오래된 식료품 봉지를 발견한다. 이런 발견은 비교적 드물지만 이 희소성은 쉽게 설명된다. 우리는 쓰레기를 접할 가능성이 적은 곳에서 휴가를 보내려고 노력한다.

원하기만 한다면 우리 가족은 확실히 쓰레기와 마주칠 수 있는 해변으로 여행을 갈 수 있다. 슬프게도 우리 행성에는 점점 더 그런 곳이 많아진다. 하와이 카밀로 해변은 한때 아름다웠으나 지금은 '플라스틱 해변'으로 알려져 있다. 그곳에 쌓여 있는 쓰레기의 규모 때문이다. 슬프지만 그리 놀라운 일도 아니다. 세계 '5대 플라스틱 축적 지대' 중 가장 큰 규모로 추정되는 '거대 태평양 쓰레기 더미'가 캘리포니아와 하와이 사이에 자리 잡고 있고, 인류가 매년 약 800만t의 플라스틱을 바다에 넣는다는 것을 고려하면 말이다.

무엇인가가 많을수록 그것과 더 많이 마주치게 될 것이다. 이 진리는 조개껍데기와 플라스틱병에도 똑같이 적용된다. 그리고 오무아무아에 대해 내가 이야기한 두 가지 잠재적인 설명 역시 마찬가지다. 오무아무아는 자연적으로 발생한 조개껍데기거나 공장에서 제조된 물질, 쓰레기 같은 것의 일부다.

해변의 유리로 만들어진 렌즈를 통해 두 가지 가능성을 보면, 우리는 올바른 것을 식별하는 일이 왜 그렇게 중요한지 그리고 그것이 과학과 우리 문명에 어떤 영향을 미치는지 알 수 있다.

* * *

오무아무아가 플라스틱병이라기보다는 조개껍데기였다고 가정해 보자. 확실히 이색적인 조개껍데기지만, 그래도 자연적으로 발생하는 조개껍데기다.

이 추론 과정에 오무아무아의 변칙성을 고려한 대다수의 과학자가 쏠려 있다. 그러나 태양계에서 무작위로 하나를 발견하기 위해 성간 조개껍데기가 몇 개나 있어야 하는지 물으면 즉시 의문이 풀린다.

해변을 따라 걷다가 온전한 조개껍데기를 봐도 아무도 놀라지 않는다. 조개껍데기를 생산하는 바다 생물들은 엄청나게 많다. 게다가 이 세계의 바다 면적을 감안하면 조개껍데기를 수집할 만한 장소는 차고도 넘친다. 사실 원한다면 주어진 해변에서 그냥 **하나**의 조개가 아니라 특정 **종류**의 조개를 발견할 가능성도 추정할 수 있다. 예를 들어 코드곶 주변 물속에 있는 민무늬백합의 개체 수에 대해 조금 알게 되면 프로빈스타운 주변 해변에서 그 조개를 얼마나 자주 발견할 수 있을지 예측할 수 있을 것이다. 플로리다 해변의 소라 껍데기도 마찬가지다.

만약 오무아무아가 자연적으로 발생하는 소행성이나 혜성이라면 다음과 같은 질문을 던질 수 있다. 인간이 태양계에서 정기적으로 그 암석들과 마주치기 위해서는 우주에 얼마나 많은 성간 암석이 있어야 하는가? 만약 성간 우주가 가진 소행성과 혜성의 수가 태양에 묶인 친숙한 가족들처럼 많다면, 우리가 그것들을 본다 해도 놀랄 일이 아닐 것이다. 결국 이미 언급했듯이 무엇인가가 많을수록 그것과 더 많이 마주치게 될 것이다. 그러나 만약 성간 우주에 그러한 암석들의 수가 **적다면**, 태양계에서 그것들과 마주치는 것은 좀 더 놀라운 일일 것이다.

물론 성간 우주는 지구의 바다보다 크다. 우리가 태양계에서 정기적으로 그러한 암석들과 마주치기 위해서는 아주 아주 많은 수의 성간 천체들이 떠다니고 있어야 한다. 이러한 암석들은 별 주위의 행성계를 짓는 벽돌로 알려져 있다.

사실 **아주아주**는 그 숫자의 추정값과 거리가 멀다. 오무아무아의 발견이 암시하는 만큼 많은 수의 암석들을 설명하려면, 우리 은하의 각 별들은 일생 동안 주변의 암석 물질에서 그러한 물체들을 10^{15}개 방출해야 한다. 그 숫자, 즉

1,000조의 크기를 알고 싶다면 종이에 1을 쓰고 그 뒤에 0을 15개 적으면 된다. 이는 관측 가능한 우주에서 거주할 수 있는 모든 행성의 수(10^{21})만큼 크지는 않지만, 그래도 우리 은하의 모든 별 하나하나마다 그렇게 많은 물체가 나온다는 것을 나타낸다. 별 주위 행성계는 큰 고체 물체가 형성될 가능성이 있는 지역이다.

태양은 행성계를 짓는 벽돌을 그렇게 낭비하는 것과는 거리가 멀다. 오무아무아가 발견되기 약 10년 전인 2009년 나는 아마야 모로 마틴Amaya Moro-Martin 및 에드 터너와 함께 논문을 발표했다. 이 논문에서 우리는 태양계의 역동적인 역사를 이용하여 무작위하게 만들어지는 성간 천체들의 수를 예측했다. 오무아무아의 발견을 설명하는 데 필요한 양보다 2자리에서 8자리 정도 적다. 다른 말로 하면, 우리가 예측한 성간 천체의 수는 오무아무아가 무작위로 발생한 성간 암석이었다는 가설에 필요한 수보다 적어도 100배는 적었다. 이는 그 자체로 오무아무아가 친숙한 암석이라는 것을 배제하지는 않지만, 통계를 바탕으로 보면 우리 태양계에서 이것이 발견된 것은 놀라운 일이 된다.

다시 말해 오무아무아가 자연적으로 발생한 암석이라는 생각은 무작위로 발생한 성간 천체의 수가 우리가 예상한 수와 우리 태양계를 통해 예측한 수보다 훨씬 많다는 것을 암시한다. 그렇다면 다른 많은 별들이 우리를 길러 주는 별과 매우 다른 게 아닌 이상 다른 무언가가 있는 것이다.

* * *

2018년 소수의 과학자가 성간 우주에 오무아무아 모양의 바위가 얼마나 풍부한지에 대한 질문을 다시 했다. 오무아무아와 유사한 물체를 감지할 수 있는 판스타스의 능력을 연구하던 중 그 과학자들은 몇 가지 일반적인 결론에 도달했다.[14] 그중에는 "오무아무아의 많은 면모가 흥미롭기도 하고 골칫거리이기도 하다"는 널리 합의된 이해도 있었다. 그러나 그들은 오무아무아가 무작위로 생성된 암석이 되는 데 필요한 성간 물질의 단위 부피당 '질량 방출률'이 기대치를 훨씬 초과해서, 별마다 오무아무아 크기의 물체를 1,000조(10^{15})개씩 방출해야 한다는 것을 발견했다. 이는 대략 성간 천체가 지구 공전 궤도를 둘러싼 부피마다 하나씩 있다는 의미다. 나와 공동 연구를 하기도 한 아마야 모로 마틴은 두 편의 후속 논문[15]에서 임의의 궤도에 있는 오무아무아 같은 물체의 자연적 풍부함은, 모든 행성계가 그 안에 있는 모든 예상 고체 물질을 방출하더라도 얼마 안 가 필요한 값보다 몇 자리나 적은 수로 떨어진다는 것을 보여 주었다.

이러한 결론은 2009년 우리의 발견이 남긴 반향을 흥미로운 방식으로 복잡하게 만든다. 한 가지 복잡함은 성간 물질의 기원과 관련이 있는데, 이는 두 가지 광범위한 범주, 즉 메마른(얼음이 없거나 적은) 암석 물질과 얼음이 있는 암석 물질로 나뉜다.

메마른 바위들은 주로 행성이 형성되는 동안 만들어진다. 먼지 입자들이 서로 달라붙고 크기가 커져 미행성체 크기로 자라나고, 마침내 행성으로 결합되는 과정에서 발생한다. 그러나 위의 연구 중 첫 번째 연구는 다음과 같은 결론을 내렸다. 오무아무아가 자연적으로 생겨나는 것을 무작위 암석 가설로 설명하는 데 필요한 밀도는 "행성 형성 동안에 내부 태양계 물질이 분출되어서는 발생할 수 없다." 행성 형성 중에 배출되는 물질이 적어서 필요한 밀도에 도달할 수 없다.

자연적으로 발생하는 물체가 필요한 밀도에 도달하도록 이 과학자들은 오무아무아와 같은 성간 천체를 추가로 공급하는 무언가를 찾아야 했다. 그래서 별의 오르트 구름에서 방출한 물질로 돌아섰다. 오르트 구름은 성계의 가장 바깥쪽 가장자리에 있는 얼음 천체 껍질이다. 별이 수명이 다하면 중력이 약해져 오르트 구름이 방출된다. 그러나 아마야 모로 마틴이 두 번째 논문에서 밝혀낸 바에 따르면 모든 죽어 가는 별들이 오르트 구름 파편을 성간 우주에 기부한다고 해도, 필요한 밀도를 달성할 만큼 물질을 제공하지 않는다.

오무아무아에 대한 '자연 발생' 설명이 직면한 과제는 충분한 양의 성간 물질이 필요하다는 것이다. 조개껍데기에 관한 대략적인 비유는 유용하다. 해변에서 온전한 조개껍데기를 발견하기 위해서는 바다에 아주 많은 조개가 있어야 한다. 이는 자연적으로 발생하는 오무아무아가 태양계에 도달하는 경우에도 마찬가지다. 오무아무아가 무작위로 마주치는 물체가 되려면, 우주에 그런 물체들이 많이 있어야 한다. 그리고 그런 밀도를 얻으려면 행성 형성과 오르트 구름 양쪽에서 방출한 물체들이 필요하다.

물론 우리는 이미 오무아무아는 얼지 않았다(가스 분출도 얼음도 없다)고 인정했다. 따라서 자연적으로 발생하는 오무아무아는 오르트 구름에서 나왔을 가능성이 매우 낮다.

간단히 말해서 오무아무아가 자연적인 물체라면 행성 형성 과정에서 생성되어야만 했다. 또 행성 형성으로 생성된 물체 중에서도, 크기, 모양 그리고 눈에 보이는 가스 분출 없이도 태양의 중력에 의해 형성된 경로에서 벗어나는 편차를 만들어 내는 미지의 종류에 속해야 한다.

이 글을 쓰는 지금까지 우리가 아는 그 어떤 물체도 두 번째 기준에 맞지 않는다. 하지만 우리는 적어도 첫 번째에 맞는 것은 알고 있다.

* * *

오무아무아가 발견된 지 얼마 되지 않아 우리는 두 번째 성간 천체와 마주쳤다. 당신이 이 책을 읽을 때쯤이면, 아마 몇 개 더 발견했을지도 모른다. 이 두 번째 성간 천체는 2I/보리소프라는 이름이 붙었다. 이는 2019년 8월 30일 러시아의 엔지니어이자 아마추어 천문학자인 게나디 보리소프 Gennadiy Borisov가 자신이 제작한 65cm짜리 망원경을 사용하여 크림반도 상공에서 그 물체를 식별한 데서 따온 이름이다. 보리소프는 그것의 궤적이 쌍곡선이라는 것을 처음으로 확인했다. 오무아무아처럼 2I/보리소프도 너무 빨리 움직여서 태양의 중력에 얽매이지 못하고 떠났다. 오무아무아처럼 2I/보리소프도 태양계 밖에서 왔고, 태양계를 통과하여 태양계 너머로 보내지는 경로 위에 있었다.

하지만 그것 말고는 2I/보리소프는 인상적인 면이 없었다. 2I/보리소프는 의심할 여지없이 성간 혜성이었고, 그러한 이유로 독특했다. 모든 성간 천체는 희귀하다. 그러나 2I/보리소프의 독특함은 거기서 끝났다. 코마(혜성의 핵이 태양 복사를 받아 승화된 구름. –옮긴이)와 가스 분출이 모든 면에서 태양계의 혜성과 닮았다. 2I/보리소프는 얼음으로 되어 있었고 확실히 이색적인 점이 없었다.

요컨대 2I/보리소프의 발견은 이색적인 오무아무아에 대한 자연 발생설로 나아가는 데 도움이 되지 않았다. 영향이 있었다면 정반대로 오무아무아가 얼마나 특별한지 강조한 정도였다. 내가 아내를 만나 그녀가 얼마나 특별한지 깨달았을 때, 나는 그녀와 결혼했다. 그 이후로 내가 마주친 많은 사람은 아내만이 가진 특별함을 앗아가지 못했다. 그들은 아내가 얼마나 특별한지에 대한 경이로움만 더할 뿐이다.

오무아무아와 2I/보리소프는 둘 다 우리 태양계에 들어온 성간 침입자였지만, 그 이외에는 서로 확실히 달랐다. 2I/보리소프의 일반적인 특징 목록 중에서 유일하게 예외인 발생한 시공간마저도 그랬다.

오무아무아는 달랐다. 사실 속도와 위치 공간적 발생은 오무아무아의 또 다른 특징이며, 특이한 기원을 뒷받침하는 또 다른 증거이다. 속도와 위치 공간적 발생은 오무아무아가 무엇이었는지, 성간 우주의 공허한 곳에서 무엇을 하고 있었는지에 대한 미스터리를 푸는 데 도움을 주는 또 다른 단서이기도 하다.

이를 이해하려면 '속도와 위치 공간'을 이해해야 한다. 감을 잡기 조금 어려울지도 모르지만 속도와 위치 공간이란 물체가 우주에서 가지고 있는 위치가 주변의 모든 것의 위치에 대비해 정의될 뿐만 아니라 그것의 속도 또한 주변의 모든 것의 속도에 대비해 정의된다는 것이다. 수천 대의 차들로 가득 찬 매우 붐비고, 매우 넓은 다차선 고속 도로를 상상해 보라. 차들은 모두 약간 다른 속도로 움직이고 있다. 앞으로 나아가는 차가 있는가 하면 뒤로 멀어지는 차가 있고, 또 제한 속도를 밑도는 차가 있는가 하면 제한 속도를 훨씬 넘어선 차도 있다.

만약 당신이 이 자동차들의 움직임을 평균화한다면 다른 모든 차들과 비교해서 '가만히' 있는 차를 몇 대 발견할 것이다. 이 차들은 다른 차들과 비교해서 앞서거나 뒤로 밀려나지 않을 것이다. 그 모든 움직임 속에서 그 차들은 상대적으로 멈춰 있을 것이다.

별들도 마찬가지다. 태양 근처의 모든 별들은 서로 상대적으로 움직이고 있다. 그들의 움직임의 평균을 국부 표준 정지 좌표계 LSR이라고 부른다. 이 모든 별들의 움직임 속에서 LSR에 있는 물체는 비교적 고요하다. 그리고 LSR에 물체가 있는 일은 비교적 드물다.

오무아무아는 LSR을 차지하고 있었다. 적어도 가속하기 전에는 그랬다. 태양과 마주칠 무렵 오무아무아의 움직임은 가만히 머물러 있는 상태(태양을 포함한 우리 이웃 별들의 평균 움직임과 비교했을 때)에서 변해 우리로부터 멀어져 갔다. 태양의 중력으로부터 받은 도움 덕분에 오무아무아는 마치

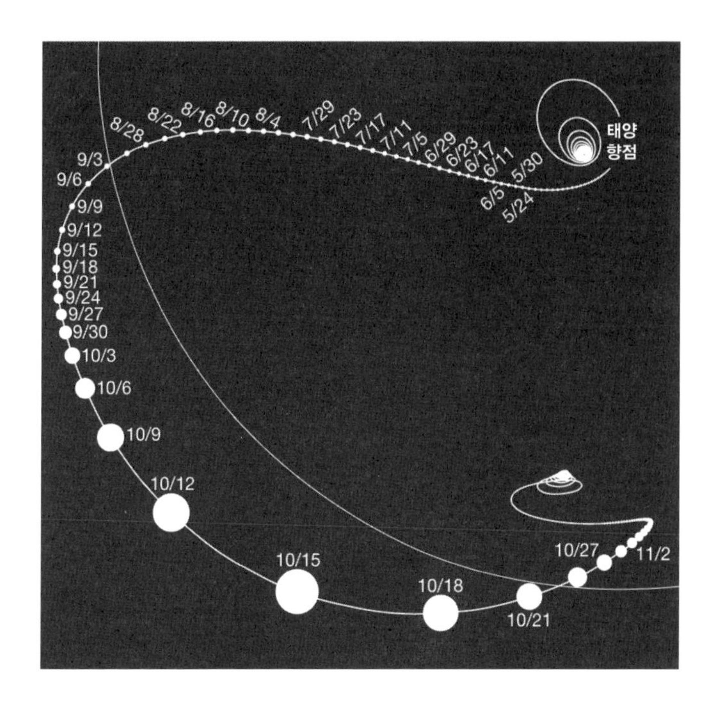

지구에서 본 오무아무아의 하늘 경로로 물체 이동 단계마다 날짜가 적혀 있다. 겉보기 궤도에 붙은 각 원의 상대적인 크기는 오무아무아 거리 변화를 도식적으로 알려 준다. 또한 LSR에서의 태양의 운동 방향('태양 향점'이라고 표시된 바로 왼쪽)도 표시된다. 물체가 해당 방향에서 시작한다는 것은 처음에 LSR에 있었다는 의미다. 2017년 9월 2일부터 10월 22일 사이에 오무아무아의 궤적은 LSR에서 태양계의 황도면 남쪽(가는 선)으로 이동했다. Mapping Specialists, Ltd. adapted from Tom Ruen(CC BY 4.0)

다차선 고속 도로에서 '가만히' 있던 차가 맹렬하게 칼치기를 하듯 LSR에서 떨어져 나갔다. 그 결과 오무아무아는 라켓에 맞은 테니스공처럼 LSR에서 분리되어 태양계를 빠르게 떠나는 경로로 보내졌다.

오무아무아가 LSR에 있는 것은 특이했다. LSR 틀 안에서 500개 중 하나의 별만이[16] 옆으로 튕겨 나가기 전의 오무아무아처럼 가만히 있는 것을 생각해 보라. 예를 들어 태양은 이 틀에 비하면 시간당 약 7만 2,000km의 속도로 움직이고 있는데, 이는 태양에 의해 LSR에서 쫓겨나기 전 오무아무아의 움직임보다 약 10배 빠른 속도다.

물체가 LSR에 있는 것을 어떻게 설명할 수 있을까? 무슨 일이 일어나야 물체가 이처럼 독특한 속도로 우리 주변에 놓이게 될까? 오무아무아의 다른 모든 특징과 마찬가지로 우리의 대답은 발생에 관한 가정에 달려 있다.

먼저 대부분의 과학자들이 내 빛의 돛 가설보다 더 좋아할 만한 쪽부터 시작하겠다. 만약 오무아무아가 메마른 바위였다고 가정한다면 아마도 그것을 사출한 모항성은 LSR 틀에 있는 '500개 중 하나의 별'일 것이다.

이것으로 오무아무아 역시 LSR에 있다는 사실이 설명될 수 있을까? 아마도 고향 성계에서 떠나오는 과정이 극도로 온화했다면 그럴 것이다. 상식만 있으면 왜 그런지 이해할 수 있다. 물체가 LSR에 있는 항성계로부터 격렬하게 사출되었다면 그 지역이 아닌 다른 기준의 틀로 내던져졌을 것이다. 그런 고향 성계에서 살며시 사출되는 물체만이 모체와 같은 틀 안에 계속 있을 수 있다.

유추의 비약이라는 심각한 위험을 무릅쓰고 다차선 고속 도로로 돌아가자. '가만히' 있던 차량 몇 대 중 자동차와 트럭에 둘러싸인 오토바이가 있다고 상상해 보라. 이제 오토바이에 윤활유가 잘 발라진 핀 하나만으로 연결된 사이드카가 있다고 하자. 그 핀을 부드럽게 분리한 직후 사이드카는 오토바이와 마찬가지로 상대적으로 가만히 있을 것이다. 그리고 만약 (여기에 정말로 유추의 비약이 있다) 고속 도로에 마찰이 없다면 오토바이와 사이드카는 주변의 모든 교통량에 대한 상대적 속도와 위치를 유지할 것이다. 마찬가지로 LSR에 있는 행성이 자신의 일부를 부드럽게 분리한다면, 분리된 조각은 LSR에서 행성의 위치를 유지할 것이다.

모항성으로부터 부드럽게 떠나는 일은 가능하지만 통계적으로는 가능성이 낮다. 행성의 조각들은 쉽게 분리되지 않으며, 행성의 조각을 분리하는 사건 중에는 부드럽다고 묘사할 만한 것이 거의 없다. LSR에 있는 행성에 타격을 가했는데도 여전히 LSR에 남아 있는 물체를 사출하는 결과가 되려면 그 타격은 행성을 정확히 깃털로 때린 것처럼 극도로 조심스러워야 할 것이다. 이런 일이 일어날 확률은 0.2%로 추정된다.

오무아무아는 LSR에 비해 상당한 움직임을 보이는 99.8%의 별 중 하나에서 유래했을 수도 있다. 하지만 그렇게 되기 위해서는 사출 조작이 살짝 건드리는 정도가 아니라 강펀치여야만 했다. 그것도 아주 정확한 강펀치 말이다. LSR이 **아닌** 항성계에서 물체를 사출시키는 발차기가 사출된 물체를 LSR에 **있게** 하려면, 모항성의 속도와 정확히 똑같이 반대 방향으로 타격을 가해야 한다. 그 타격은 LSR에 물체를 만들어 내기 위해 고향 성계의 움직임을 완전히 상쇄해야 한다. 망치와 같은 조잡한 도구를 사용하여 섬세한 수술을 시도하는 외과 의사의 도전을 상상해 보라. 깃털이든 망치든 자연적으로 발생한 오무아무아가 고향 성계에서 LSR로 사출되는 가설은 가능성이 극도로 희박하다.

이제 아주 조금 더 그럴듯한 세 번째 가설만 남았다. LSR에 있는 물체가 고향 성계의 극단적인 외곽에서 추방되었을 경우, 스스로 LSR에 남아 있을 수 있다. 물론 이때 모항성의 중력은 훨씬 약하다. 실제로 오르트 구름과 같은 외부 껍질은 대부분의 성간 소행성과 혜성이 탄생하는 곳일 것이다. LSR에 있든 없든 가장 바깥쪽 껍질에 있는 파편들은 낳아 준 별의 중력이 더 약한 만큼 다른 중력원에 의해 더 쉽게 당겨진다.

바로 태양계의 혜성이 조 단위로 있는 오르트 구름이 그 대표적 예이다. 태양계의 얼음 껍질은 태양에서 10만AU 떨어져 있다(1AU는 지구로부터 태양까지의 거리로 약 1억 5,000만km다). 태양의 오르트 구름을 구성하는 물질에 대한 중력은 지구를 붙잡고 있는 중력보다 훨씬 약하다. 저 멀리 떨어진 곳에서는 시속 3,500km도 안 되는 부드러운 밀기, 이를테면 지나가는 별과의 만남으로 생길 수 있을 만한 힘도 물체를 성간 방향으로 너끈히 보낼 수 있다.

따라서 오무아무아가 LSR을 품고 있는 성계 주변의 얼음투성이 오르트 구름에서 비롯되었다면, 이것으로 개체의 속도가 설명될 수 있다. 하지만 오무아무아가 메마른 바위라는 사실은 설명하지는 못한다.

어떻게 보든 태양계와 마주치기 전에 LSR에 있었다는 오무아무아의 동역학적 발생은 극히 드물고, 건조한 자연 발생 물체가 보이지 않는 가스 분출을 생성해서 태양의 중력만으로 설명할 수 있는 궤도에서 편차를 보이는 일은 더욱 희박하다.

이 때문에 우리의 두 번째 가설이 나왔는데, 바로 오무아무아는 LSR에 맞게 특별히 설계된 물체였다는 것이다. 아주 오래전에 오무아무아는 고물이 아니라 뚜렷한 목적을 위해 만들어진 외계 기술 장비였을지도 모른다. 아마도 의미상 부표에 가까운 무언가였을 것이다.

* * *

우리는 오무아무아가 우리를 향해 돌진한다고 생각하지만 오무아무아의 관점에서 사물을 보는 편이 더 유익할 수도 있다. 이 물체의 관점에서 보면 그것은 정지해 있었고 우리의 태양계가 그 물체와 충돌했다. 다시 말해 은유적으로 그리고 어쩌면 말 그대로 오무아무아는 넓게 펼쳐진 우주에 떠 있는 부표와 같았고 우리 태양계는 거기에 고속으로 부딪치는 배와 같았다.

지적인 외계인들이 오무아무아가 LSR에 머무르도록 고안했다는 가설은 명백한 의문을 제기한다. 왜 그랬을까? 나는 이유를 몇 개든지 생각해 낼 수 있다. 아마도 그들은 별 사이에서 정지 신호에 해당하는 신호를 설정하고 싶었을지도 모른다. 아니면 등대나 또는 더 단순하게 표지판이나 항해표지와 비슷했을 수도 있다. 그러한 부표들의 방대한 네트워크는 통신망 역할을 할 수 있다. 또는 LSR에서 파괴되었을 때 작동되는 경보 시스템의 인계철선으로 사용될 수도 있다. 그런 면에서라면, 아마 오무아무아의 창조자들은 그 물체와 자신들이 기원한 공간을 감추고 싶어 했을 것이다. LSR에 물체를 놓는 것은 누가 그것을 거기에 두었는지 효과적으로 위장하게 해 준다. 왜일까? 수학과 물체의 궤도에 관한 약간의 지식만 있어도 한 물체가 발사된 시작점까지 거슬러 올라갈 수 있기 때문이다. 북아메리카 항공 우주 방위군NORAD의 주목적 중 하나가 바로 그것이다. 수학에 대한 이해와 좋은 우주 지도를 가진 지성체면 누구나 우리가 행성의 표면에서 발사한 성간 우주선들을 역추적해 지구에 도달할 수 있다고 생각해 보라.

이 모든 유사점이 지구적인 이유는 이 책의 저자가 지구 출신이라서가 아니다. 인류 문명이 부표, 통신 위성망, 조기 경보 탐지 시스템을 구축했다는 사실은 다른 문명권도 같은 일을 할 가능성이 있다는 것을 말해 준다. 더욱이 이러한 추측들은 그것이 무엇이건 간에 우리 인류가 원한다면 얼마든지 설계하고, 만들고, 발사할 수 있는 결과물이라는 단순한 이유로 그럴듯하다. 그런 이유라면 성간 물체일 필요도 없다. 가령 인도가 그러한 물체를 우주에 올려놓았다면, 나사의 과학자들은 그 이유를 궁금해할 것이다. 하지만 인도 우주 연구 기구의 독특한 로고가 있는 작고 평평하고 밝은 물체가 LSR에 어떻게 나타날 수 있었는지는 궁금해하지 않을 것이다.

이 대답이 오무아무아에도 적용됨을 받아들이는 데 있어 걸림돌은 당연히 오무아무아가 외계에서 왔다는 사실을 우리가 받아들여야 한다는 것이다. 그리고 다시 그 걸림돌은 우리가 우주에서 유일한 지성체가 아닐 가능성을 진지하게 받아들여야 한다는 의미기도 하다.

* * *

부표, 통신 포드 격자, 외계 문명의 항해 표지판, 탐사선의 발사 기지, 다른 지성체들의 사라진 기술이나 버려진 기술의 쓰레기. 모두 오무아무아 미스터리에 대한 그럴듯한 설명이다. 인류가 이미 지구상에서 이런 것들을 만들어 냈기 때문이다. 훨씬 더 규모가 제한적이긴 하지만 말이다. 그리고 우리가 성간 우주를 탐험할 때가 온다면 그것들의 복제를 고려할 것이다.

이 가설들을 믿을 수 없게 하는 것은 외계 지성체를 추측하는 능력의 부재다. 그 가능성을 배제하고 모든 설명을 무시한다. 망원경을 통해 보는 것을 거부하면 그 망원경이 어떤 강력한 증거를 보여 주든 별문제가 되지 않는다. 이는 아마도 공상 과학 소설의 그늘일 수도 있고 받아들일 수 있는 가설의 범위를 넓히는 능력에 흠이 있는 일부 사람들의 문제일 수도 있다. 하지만 외계 문명을 내세우는 설명을 제시하는 일은 그들이 한사코 들여다보기를 거부하는 회의적인 망원경을 가져다 대는 것과 같다.

내 경험에 따르면 그 고집에는 스스로 생각하기가 최고의 약이다. 이러한 생각 중 무엇인가 과열, 과장되었거나 현실과 동떨어져 보인다면, 그냥 당신 앞에 있는 증거를 자신에게 상기시켜라.

우리가 맞닥뜨린 데이터에 따르면 오무아무아는 LSR에서 반짝거리던 얇은 원반이었다. 그리고 태양의 인력과 마주쳤을 때 눈에 보이는 가스 분출이나 붕괴 없이 태양의 중력에 의해 형성된 궤도에서 벗어나는 편차를 보였다.

이 데이터들은 다음과 같이 요약할 수 있다. 오무아무아는 통계적으로 엄청난 아웃라이어였다. 아주 보수적으로 따져 보아도 그 형태, 회전, 광도만으로 보면 오무아무아는 자연 발생할 확률이 100만분의 1인 물체다. 우리의 기기로는 보이지 않는 가스 분출로 태양의 중력에서 벗어나는 편차에 대한 설명을 시도해 보면 거기에서 다시 수천분의 1이라는 희귀한 물체가 된다.

그게 다가 아니다. 오무아무아의 회전율이 변하지 않았다는 것도 매우 이상하다. 아마도 오무아무아의 비중력 가속이 암시하는 상당한 질량 손실에도 불구하고 일정한 회전을 유지할 수 있는 혜성은 수천 개 중 단 하나에 불과할 것이다. 만약 오무아무아가 그런 희귀한 혜성 중 하나였다면 우리는 이제 10억분의 1인 혜성에 대해 이야기하고 있는 것이 된다.

그리고 매끄러운 움직임도 고려해야 한다. 만약 우리 기기들에서는 보이지 않는 가스 분출이나 붕괴가 어떻게든 자연적으로 발생했다 해도, 오무아무아를 추진시킨 추정상의 제트 분사들은 서로를 완전히 상쇄해야만 했을 것이다. 만약 그것이 또 다른 1,000분의 1 확률의 우연이라면, 오무아무아는 이제 1조분의 1이 된다.

속도와 위치 공간에서 오무아무아의 발생, 즉 LSR에 있었다는 사실은 아직 고려하지 않았다. 탄생한 별이 LSR에 있었을 확률은 0.2%다. 그래서 이제 오무아무아가 그냥 무작위 혜성 중 하나일 확률은 1,000조분의 1에 근접한다.

이런 숫자들은 신빙성을 떨어뜨리고 대안적 설명을 찾게 한다. 그 결과 나는 슈무엘 바이얼리에게 다른 더 그럴듯한 가설을 찾아보자고 제안하게 되었다. 그리고 우리는 비중력 가속과 관련하여 이치에 딱 맞아떨어지는 생각을 내놓을 수 있었다. 오무아무아의 이상할 정도로 꾸준한 추진력은 태양광에 의해 제공되었다는 가설이다.

이 가설은 중요한 단서와 완전히 일치했다. 오무아무아

에 작용해서 편차를 일으킨 과도한 힘은 관측자들이 지적했듯이 태양으로부터의 거리의 제곱에 반비례하여 감소하는 것으로 보였는데, 이는 태양광을 반사함으로써 얻어질 것으로 예상되는 힘과 같다.

하지만 태양 복사압은 그리 강력하지 않다. 만약 정말로 태양광이 원인이라면 계산상 오무아무아는 두께가 1mm 미만이고 너비가 적어도 20m는 되어야 한다(지름은 물체의 반사율에 따라 달라지는데, 오무아무아의 반사율은 알려지지 않았다. 만약 오무아무아가 완벽한 반사체라서 태양광을 100% 반사한다면, 이 초박형 시나리오에서의 너비는 20m가 될 것이다).

우리가 알고 있는 한 **자연**적으로 그러한 형상을 가진 물체는 전혀 없고, 그런 것을 만들어 낼 수 있다고 알려진 자연적인 과정도 없다. 그런데 인류는 그 요건에 맞는 것을 만들어 냈고, 심지어 우주로 쏘아 올리기까지 했다. 바로 빛의 돛이다.

우리는 논리와 증거를 통해 빛의 돛 가설에 도달했다. 간단히 말해 사실을 고수함으로써 말이다. 하지만 이 가설을 진지하게 받아들인다면, 이번에는 오무아무아가 어떻게 우리 우주에 나타났고 어디에서 왔는지에 대한 새롭고 놀라운 질문들을 생각할 수 있게 된다. 빛의 돛 가설은 심지어 우리가 언젠가 이 미스터리한 방문객의 창조자들을 만날 수 있을지 물어볼 기회도 준다. 이에 대해서는 앞으로 다룰 예정이다.

빛의 돛 가설은 혜성 가설과 달리 가능성의 세계를 열어 준다. 과학적 합의가 이 두 가지 가능성 중 더 보수적이고 제한적인 것에 찬성한다는 사실은 증거보다는 과학 자체의 실행자와 문화에 대해 더 잘 말해 준다.

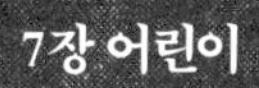

7장 어린이

✳

우리는 외톨이인가? 인류가 직면한 가장 근본적인 질문 중 하나다. 부정적이든 긍정적이든 확실한 답을 얻는 순간은 우리가 심오한 깨달음에 직면하는 순간이다. 사실 이만큼 중요한 우주론적 질문도 별로 없다.

확실히 빅뱅 이전에 무엇이 있었는지, 블랙홀로 빨려 들어간 물질이 어디로 가는지 또는 어떤 이론적인 통찰이 마침내 상대성 이론과 양자 이론을 맞아떨어지게 할지 알게 되면 세상에 변화를 불러올 것이다. 나는 삶과 일의 상당 부분을 이 질문 중 처음 두 가지에 답하는 데 할애했다. 하지만 이러한 질문에 대한 답이 우리가 많은 종種 중 한 종에 불과하다는 사실을 배우는 것만큼 스스로에 대한 감각을 크게 변화시킬까? 아니면 반대로 우리가 우주에서 유일하게 발생한 의식적인 지능이라는 것을 알 수 있을까? 나는 의심스럽다.

나는 이 질문이 너무나 중요하다고 믿는다. 그래서 과학자들이 이 답을 탐구하는 데 얼마나 노력을 기울이지 않고 얼마나 무신경해 왔는지 생각할수록 놀랍기만 하다. 과학자들의 이런 경향은 나의 빛의 돛 이론에 대한 저항에서 시작된 것이 아니다. 그보다 훨씬 더 오래전 오무아무아가 태양계를 통과하기 전부터 과학자들은 그것이 주는 메시지를 거부해 왔다.

* * *

외계 생명체를 찾는 일은 대다수의 과학자에게 별난 짓으로 치부되었다. 그들에게 외계 생명체를 찾는 일은 기껏해야 흥미롭게 지켜볼 만한 정도로 최악의 경우 노골적인 조롱거리가 될 주제일 뿐이다. 명성 있는 학자 가운데 이 분야를 발전시키는 데 헌신한 사람은 거의 없다. 학문적 존경이 절정을 이루었던 1970년대에도 겨우 100여 명의 학자만이 세티 연구소와 공개적으로 연관되어 있었다. 수학으로 곡예를 하는 훨씬 더 연역적인 분야들에 끌린 물리학자들의 공동체도 그보다는 규모가 큰 것으로 알려져 있다.

세티가 본격적으로 논의되기 시작한 것은 1959년 코

넬 대학에 기반을 둔 두 명의 물리학자 주세페 코코니와 필립 모리슨이 세미나 논문 〈성간 통신을 찾아서Searching for Interstellar Communications〉를 공동 저술하면서부터였다. 《네이처》에 게재된 논문은 두 가지 간단한 추측을 했다.[17] 첫째, 진보한 외계 문명이 얼마나 많은지는 몰라도 최소한 존재는 할 것이다. 둘째, 외계 문명은 성간 통신을 **우리가 실제로 쓰는** 무선 주파수 1.42GHz로 방출할 가능성이 높은데, 그 주파수는 "고유하고 객관적인 표준 주파수여서 틀림없이 우주의 모든 관측자에게 알려져 있을" 것이기 때문이다. 코코니와 모리슨이 말한 주파수는 중성 수소가 방출하는 21cm 파장을 가리킨다. 그리고 이 파장이 바로 거의 반세기 후 우주의 새벽을 되돌아보려던 나를 비롯한 여러 천체 물리학자들을 사로잡은 그 전파 방출이다.

논문은 즉각적인 반향을 불러일으켰고 세티의 탄생을 예고하며 다음과 같은 결론으로 그 뒤를 이은 모든 외계 지성체 탐색의 근거가 되었다. "성공 확률을 추정하기는 어렵지만 우리가 찾지 않는다면 그 성공 확률은 0이다." 이는 나에게 에페소스의 철학자 헤라클레이토스가 훨씬 오래전에 했던 다음 말의 메아리처럼 들렸다. "예상하지 못하는 것을 예상하지 않으면, 아예 발견하지도 못할 것이다."

코코니와 모리슨의 논문은 또한 망치를 들면 어디에서

나 못만 보는 사람들에 대한 오랜 속담을 떠올리게 한다. 이 두 사람이 논문을 쓴 시기는 전파 천문학이 탄생한 지 25년 뒤의 일인데, 이 학문은 그들이 '예상하지 못한 것을 예상하는 데' 확실히 도움이 되었다. 나와 바이얼리의 빛의 돛 가설과 마찬가지로 인간은 직접 그 기술을 개발한 후에야 외계 문명의 기술적 특징을 더 잘 보는 것 같다.

코코니와 모리슨의 논문은 천체 물리학자 프랭크 드레이크에게 즉시 영감을 주었다. 1960년 드레이크는 코코니와 모리슨이 장려한 바로 그 탐색을 수행하기로 했다. 드레이크는 웨스트버지니아주 그린뱅크 국립 전파 천문대에서 태양과 비슷한 두 개의 별, 타우 세티와 엡실론 에리다니를 찾아냈다. 4개월에 걸쳐 150시간 동안 드레이크는 전파 망원경을 사용해 지성을 나타낼 만한 식별 가능한 신호를 찾았지만 성과는 없었다. 외계 생명체를 찾아 나섰던 드레이크의 별난 감성은 그가 이 프로젝트에 붙인 오즈마Ozma라는 이름에서 포착된다. 오즈마는 프랭크 바움의 소설 속 오즈의 나라 공주의 이름에서 따온 것이다.

드레이크 프로젝트는 폭넓은 관심과 대중 매체 보도의 대상이 되었다. 약 200시간을 관측하면서 아무것도 발견하지 못했다고 해서 대중의 열정은 식지 않았다. 이러한 관심의 상승세에 힘입어 드레이크는 1961년 11월 초 국립 전파 천문대에서 국립 과학 아카데미가 후원하는 비공식 회의에 참여했다. 그가 처음 드레이크 방정식을 선보인 것도 바로 이 회의에서였다. 그는 이 방정식으로 활발하게 통신하는 외계 문명의 수를 추정했다.

이제 드레이크 방정식은 티셔츠를 장식하고, 청소년 소설의 플롯을 알려 준다. 또 진 로덴베리가 텔레비전 시리즈 〈스타 트렉〉에 개연성을 주기 위해 드레이크 방정식을 오용하는 바람에 이후로 과학자들에게 비난과 반감을 사고 있다. 이 방정식이 세티의 성공에 영향을 미치는 요소들을 개별 항으로 추론해 내기 위한 그저 발견적인 단순 도구에 불과하다는 사실은 먼지와 잡음 속으로 사라지고 있다. 표준 표현식은 다음과 같다.

$$N = R_* \times f_p \times n_e \times f_l \times f_i \times f_c \times L$$

여기서 각 항은 다음과 같이 정의된다.

N: 우리 은하에서 성간 통신에 필요한 기술을 가진 종의 수

R_*: 우리 은하의 항성 형성률

f_p: 행성계를 가진 항성의 비율

n_e: 각 성계에서 생명체가 살 수 있는 환경 조건을 가진

행성 수

f_l: 생명이 발생하는 행성의 비율

f_i: 지성체가 발생하는 행성의 비율

f_c: 성간 통신에 참여할 만큼 정교한 기술을 개발하는 지성체의 비율

L: 이러한 지성체가 탐지 가능한 신호를 생성할 수 있는 시간

대부분의 방정식과 달리 드레이크 방정식은 풀도록 설계되지 않았다. 그보다는 얼마나 많은 지적 문명이 우리 우주를 점유할 수 있는지 생각하는 틀로서 고안되었다. 결과값을 내기는커녕 모든 변수에 값을 집어넣는 일도 불가능할 것이다.

드레이크 외에도 외계 지성체를 찾는 틀을 짠 사람들이 있었다. 1960년 로널드 브레이스웰Ronald Bracewell과 1961년 독일 천체 물리학자 세바스찬 폰 호너Sebastian von Hoerner가 각각 다른 접근법을 고안해 냈다. 하지만 좋든 나쁘든 간에 드레이크 방정식은 이후 세티 과학의 시금석이 되었다.

드레이크 방정식의 문제는 오직 통신 신호의 전송에만 초점을 둔 데 있다고 생각한다. 드레이크는 N을 찾으면서

외계 지성체의 존재를 입증하기 위한 성간 통신의 수를 찾는 것으로 자신의 포부를 제한했다. 통신에 대한 이러한 배타적 관심은 이 방정식의 두 번째 한계를 예언하는데, 이는 지적인 종이 그러한 신호를 생성할 수 있는 시간을 나타내는 변수 *L*로 요약된다. 예를 들어 우리 종이 특정 망원경으로 탐지할 수 있는 오염 물질을 생산한 지 수 세기나 되었지만 전파 신호를 만든 지는 불과 몇십 년밖에 안 되었다는 점을 생각해 보자.

*N*과 *L* 모두 드레이크 방정식의 더 깊은 문제를 암시한다. 이 방정식이 외계 지성체의 추정 및 그 발견에 필요한 노력과 관련된 변수를 식별하려 처음 체계적으로 노력했다는 데 그 모든 가치가 있다는 것을 생각하면, 방정식의 강한 형식주의는 아마도 가장 큰 한계였을 것이다. 세티 과학자들이 외계 무선 신호의 증거를 내놓지 못하자 비평가들은 드레이크 방정식과 세티가 하나부터 열까지 모두 별나다고 기쁜 마음으로 공표했다.

1992년 미국 정부는 *N*을 계속 탐색하기 위해 나사에서 전파 천문학 프로그램을 시작하는 데 1,225만 달러를 지원했다. 하지만 바로 다음 해에 지원을 중단했다. 의회가 지지와 자금 지원을 철회하자 네바다주 리처드 브라이언Richard Bryan 상원 의원은 "수백만 달러를 썼는데 우리는 아직 작은 녹색 친구 한 명도 챙기지 못했다"[18]라고 보고했다. '우리는 외톨이인가?'에 대한 답을 찾으려는 인류의 추구를 방해하는 무지와 잘못된 가정들을 이보다 더 간결하게 진술한 말은 없다. 사용된 종액도 보잘것없었고 성공(증거) 기준도 터무니없었다.

초기 세티 연구자들이 스스로 무덤을 판 측면도 없지 않았다. 거의 배타적으로 전파와 광신호를 찾는 데만 초점을 맞춘 덕분에 학계와 대중은 그러한 탐사가 어떤 모습이어야 하고 어떤 프로젝트가 자금을 받을 가치가 있는지에 대해 편협한 생각에 갇히게 되었다. 대기 중의 산소와 메탄과 같은 생명 지표나 먼바다의 대규모 녹조 그리고 행성 대기 중의 산업 오염 물질의 지표, 도시 정착을 암시하는 지역화된 열섬과 같은 기술 지표를 찾는 데 관심을 기울이게 된 것은 극히 최근의 일이다.

외계 지성체를 찾는 과정에서 이 좁은 틈새의 구성원들은 여전히 발 디딜 곳을 찾고 있으며, 그들을 지지해야 할 더 넓은 과학계는 제 할 일을 하지 않고 있다. 세티뿐만 아니라 상상력이 제한된 다른 경계들에서도 인문 과학은 아직 더 성숙해야 한다.

* * *

내 사무실에는 그냥 '아이디어'라는 이름표가 붙어 있는 파일 서랍이 있다. 그 안에는 서류철을 보관하는 서류 걸개가 하나 있다. 이 걸개에는 파일이 넘쳐날 때도 있고 몇 개 없을 때도 있다. 각 서류철에는 방정식이 표시된 종이 몇 장이 들어 있다. 이는 내 머릿속에 맴도는, 대답할 가치가 있는 문제나 질문들을 보여 준다. 종종 집 뒤뜰과 근처 숲을 산책하는 동안 이 문제나 질문들이 나를 따라다닌다. 진부하게 들릴지도 모르지만 나는 주로 샤워할 때 그것들을 생각한다(최근 네덜란드 영상 제작진이 나의 영감에 대해 기록하기 위해 우리 집 샤워실을 방문한 후 아내는 방수 펜과 화이트보드를 사 주었다).

아이디어를 수집하는 서랍을 가지고 있기 훨씬 전부터도 물론 대학생과 대학원생, 박사 후 연구원들과 함께 아이디어들을 모으고 공유하고 있었다. 내 연구는 이 아이디어들을 씨앗 삼아 성장한 것이 많다. 지금까지 그 씨앗들은 700편이 넘는 논문과 6권에 이르는 책(당신이 손에 들고 있는 이 책도 포함된다)으로 이어졌고, 별의 탄생, 태양계 너머에 있는 행성의 발견, 블랙홀의 특성 등에 관한 예측들을 낳아 과학계의 인정을 받았다. 이런 예측들은 지금도 늘어나고 있다.

그렇다고 내가 상상력만 따라간다는 말은 아니다. 내 모든 연구는 데이터에 천착한다는 흔들리지 않는 원칙을 반영한다. 나는 스스로 '이론 거품'이라고 부르는 수학적 추측을 피한다. 천체 물리학에서는 아무 증거도 없이 떠도는 이론 속에서 길을 잃고 자금과 재능을 날리는 경우가 허다하다. 저 바깥에 있는 현실은 하나이고 우리가 그것의 모든 변칙을 다 파헤치기까지는 한참 멀었다.

내가 학생들에게 수없이 말해 왔듯이 데이터로부터 피드백을 받을 가능성이 거의 없는 추상적 작업 속에서 헤매는 것은 위험하다. 하지만 학생 중 대다수는 주류 과학에 반하는 연구나 앞서가는 결론을 추구하는 일 또한 그 못지않게 위험하다고 느꼈을 것이다. 나는 이런 반응이 수치스러울 뿐만 아니라 위험하다고도 생각한다.

지난 수십 년 동안 외계 생명체 탐색이 적잖은 격려를 받았다. 그런데도 이론도 자금도 부족할 뿐만 아니라 시도도 하지 않고 언급조차 하지 않는 것이 최선이라 여기는 과학자들과 일들이 얼마나 많은지 알고 계속해서 충격을 받아 왔다. 내가 동료들에게 이 책의 첫머리에서 언급한 두 가지 사고 실험에 대한 학생들의 반응을 묘사하면 대부분 낄낄 웃는다. 나는 좀 더 주의를 기울여서 학생들의 반응이라는 평범한 시각 속에 천문학계의 진실이 숨겨져 있지 않은지 자문해 보아야 한다고 생각한다.

소셜 미디어의 흐름과 달리 과학적 진보는 제안된 아이디어가 증거로 확립된 진실에 얼마나 가까운지에 의해 측정된다. 널리 받아들여진 이 사실은 물리학자들이 그들의 아이디어가 얼마나 인기 있는지가 아니라 얼마나 잘 부합하는지에 따라 성공을 측정할 것임을 암시한다. 하지만 이론 물리학의 양상을 살펴보면 그렇지 않음을 발견하게 된다. 때로는 상응하는 투자 수익과 전혀 상관없이 유행이 자금을 좌우하는 경우가 흔하다.

실험적 증거가 없는데도 이론 물리학의 주류는 초대칭과 추가 공간 차원, 끈 이론, 호킹 복사, 다중 우주 같은 수학적 아이디어를 반박할 수 없고 자명하다고 여긴다. 한 학회에 참석했을 때 들은 저명한 물리학자의 말을 빌리면 "이러한 생각들은 수천 명의 물리학자가 믿고 있고 수학적으로 재능이 있는 과학자들의 대규모 공동체가 틀릴 수 있다고 상상하기 어렵다. 그러므로 그것을 뒷받침할 실증적 실험이 없더라도 사실일 것이다."

하지만 집단 사고를 뛰어넘어 이러한 아이디어를 더 자세히 살펴보라. 예를 들어 초대칭 이론을 보자. 모든 입자에는 짝이 있다고 가정하는 이 이론은 저명한 이론가들이 예상한 것처럼 당연하지 않다. 유럽 핵 공동 연구소의 대형 강입자 충돌기가 최근 초대칭성을 뒷받침하는 증거를 찾기 위해 예상되는 에너지 규모에서 조사했지만 데이터에는 그런 증거가 전혀 없었다. 암흑 물질, 암흑 에너지, 추가 차원, 끈 이론의 본질과 관련한 다른 추측적 아이디어들은 아직 시험조차 되지 않았다.

오무아무아가 외계 기술이라는 데이터가 초대칭 이론이 유효하다는 데이터보다 더 유력하다고 상상해 보라. 어떤 일이 뒤따를까? 초대칭을 긍정하는 증거를 얻기 위해 만들어진 입자 가속기인 대형 강입자 충돌기를 건설하는 데 50억 달러가 조금 안 되는 비용이 들어갔고, 가동하는 데는 연간 10억 달러가 더 든다. 과학적 합의로 초대칭 이론을 결국 포기한다 해도 막대한 비용과 수 세대에 걸친 노력을 들인 뒤일 것이다. 우리가 외계 지성체를 찾는 데 그와 비슷한 비용을 투자하기 전까지는 오무아무아가 무엇이고 무엇이 아닌지에 대한 평이한 발표 역시 그에 맞춰 판단해야 한다.

초대칭 이론보다 더한 많은 이론, 가령 다중 우주 같은 이론들은 증거가 없음에도 학계 안팎에서 사려 깊고 존경스러운 관심을 받고 있다. 우리는 시간을 들여서 그 이론들을 숙고해야 한다. 이는 증거의 부재 때문이 아니다. 그보다는 그 이론들이 드러내는 과학계 자체의 문제가 우려스럽기 때문이다.

오무아무아가 외계에서 설계된 존재인지를 공정하게 고

려하는 데 있어 걸림돌은 증거나 그 증거의 수집 방법 또는 가설의 이면에 있는 추론이 아니다. 가장 먼저 우리 앞길을 가로막는 것은 증거와 그에 뒤따르는 추론을 꺼리고 간과하는 태도다. 전달하는 내용이나 전달하는 사람에게 문제가 있을 때도 있다. 하지만 어디에 문제가 있든 듣기를 꺼리는 수신자와 부딪치면 증거와 추론으로도 넘지 못하는 걸림돌이 된다.

* * *

우주가 우리에게 제시하는 다른 많은 변칙보다 외계 생명체를 찾는 데 관심과 지적 화력을 더 끌어모으지 못하는 이유는 많다. 많은 공상 과학 작품들의 터무니없는 줄거리는 확실히 도움이 되지 않았다. 하지만 천문학자나 천체 물리학자들의 편견도 마찬가지다. 이러한 편견은 누적되면서 새로운 세대의 과학자들에게 소름 끼치는 영향을 미쳤다.

오늘날 젊은 이론 천체 물리학자는 외계 지성체의 증거를 찾기보다 다중 우주에 대해 골몰해야 종신직을 보장받는 과정을 밟을 가능성이 더 높다. 특히 신진 과학자들이 막 경력을 시작했을 때 가장 상상력이 풍부한 경우가 많으므로 이는 수치스러운 일이다. 이렇게 정신적으로 비옥한 때에 그들은 주류 과학 밖으로 밀려나는 데 두려움을 느껴 천체 물리학자로서의 일이 암묵적으로, 때로는 명시적으로 흥미의 고삐를 조이는 상황과 맞닥뜨린다.

초창기 이론 물리학자들은 실험 데이터가 그들의 이론이 틀렸다고 증명하는 상황을 겸손히 받아들였다. 그러나 새로운 문화는 그 자체의 이론적 원천 안에서 번창하며 수상 위원회와 기금 제공 기관에 영향을 미침으로써 '인기 있지만 증명되지 않은' 이론의 옹호자들에 의해 채워지고 있다. 과학자들은 대형 강입자 충돌기가 아무런 증거를 찾지 못했는데도 초대칭성이 확실하다는 쪽에 서거나, 이론을 뒷받침할 데이터가 없음에도 다중 우주는 틀림없이 존재한다고 주장하면서 귀중한 시간과 돈, 재능을 낭비하고 있는 것이다. 우리에게는 자금과 시간이 모두 한정되어 있는데 말이다.

많은 기성 과학자가 한때는 이를 직관적으로 이해했다는 것이 아이러니하다. 아이들은 처음 당좌 예금 계좌를 개설하고 계좌에 쌓일 돈을 상상하는 함정에 쉽게 빠진다. 이것도 사고 저것도 사며 그들이 소유할 수 있는 그 모든 것을 생각하면서 매우 흥분하게 된다. 하지만 현금 자동 인출기로 가서 계좌에 돈이 얼마나 있는지 확인하고 나면 그 사상누각은 무너지게 된다. 아이들은 그 돈이 꿈꾸던 모든 일을 하기에는 부족할 뿐만 아니라 모이는 속도 또한 느리다는 것도 알게 된다. 보통 아이들은 계좌 조회를 반복하며 자신들이 사고 싶었던 물건들을 통장에 찍힌 금액이라는 엄정한 증거에 맞추게 되면서 그러한 실망에서 벗어날 것이다.

이런 교훈을 배우지 못한 과학 문화, 즉 수학적 아름다움 때문에 본질적으로 정확하다고 여기는 아이디어를 옹호하며 관찰 및 확인할 수 있는 데이터를 이용한 외부 검증은 필요 없다고 생각하는 문화는 그 기반을 잃을 위험성이 있다. 데이터를 입수하여 이론적 아이디어와 비교하는 일은 현실을 확인해 주며 우리가 환각을 보고 있지 않다는 것을 말해 준다. 게다가 이 일은 학문 도야의 핵심을 재확인해 준다. 물리학은 우리 자신이 잘한다는 느낌을 받기 위한 여가 활동이 아니다. 물리학은 자연과의 대화이지 독백이 아니다. 우리는 직접 살을 부대끼며 실험 가능한 예측을 해야 한다. 이는 과학자들 스스로가 실수를 저지를 수 있는 위험을 감수할 필요가 있다는 뜻이다.

소셜 미디어 시대에 과학과 천체 물리학은 특히 겸손의 전통을 회복할 필요가 있다. 이는 그리 어렵지 않을 것이다. 실험 데이터를 수집하고 탁상공론식 아이디어를 배제하는 일을 더 중요한 우선순위로 두면 된다. 그래야 데이터에 바탕을 둔 확신을 할 수 있으며, 보다 구체적이고 적용 가능한 보상을 보장받을 수도 있다. 젊은 과학자들은 미래 세대의 물리학자들이 별 상관없는 것으로 간주할 수학의 미로 속에서 자신의 경력을 보낼 것이 아니라, 평생 아이디어의 가치를 시험하고 현실화할 수 있는 연구 분야에 집중해야 한다.

외계 생명체를 찾는 것보다 위험과 보상의 견적이 큰 연구 분야는 없다. 더욱이 오무아무아가 통과하면서 남긴 단 11일 분량의 축적된 데이터만으로도 이미 우리는 현재 천체물리학 분야에서 유행하며 출렁대는 온갖 거품 같은 생각들보다 더 시사적이고 관찰 가능한 증거를 가지고 있다.

* * *

아이들이 하는 직관적 비약에는 주의를 기울일 가치가 있다. 에고ego로 가득 찬 짐, 즉 지적 편견을 짊어진 어른들보다 훨씬 더 쉽게 비약하기 때문이다. 클릴, 로템은 아버지인 내가 프록시마 센타우리의 거주 가능한 지역에 있는 프록시마 b 근처로 스타칩을 보내기 위해 일하고 있다는 것을 알고 호기심을 보였다. 내가 그 행성이 조석 고정되어(한쪽 면은 늘 태양을 향하고 다른 쪽은 늘 어둡고 광대한 우주를 향하고) 있을 거라고 말하자 두 딸의 호기심은 더욱 커졌다. 작은 딸 로템은 잠시 생각하더니 그렇다면 두 채의 집이 필요할 것이라고 주장했다. 한 채는 잠잘 수 있는 항상 밤인 쪽에, 나머지한 채는 일하고 휴가를 갈 수 있는 항상 낮인 쪽에 말이다.

성간 부동산에 대한 로템의 상상을 그냥 공상으로 치부하기 어려웠다. 물리학 법칙과 일치하는 사고 실험들은 발견의 가장 중요한 요소이자 우리가 지구와 그 너머에서 직면하는 많은 변칙의 해답을 찾기 위한 수단이다. 우리는 아이들의 유연한 사고에서 과학과 인류를 앞으로 나아가게 하는 통찰력을 발견하게 될 것이다. 그런데 우리가 저지르는 최악의 실수 중 하나는 다른 사람들의 생각과 본능에 보수적인 추정을 강요하거나 잘못된 이유로 지적 조심성을 권장하는 것이다.

과학은 무엇보다도 경험을 학습하는 것이고, 우리가 겸허하게 실수를 인정했을 때 가장 잘 작동한다. 마치 아이들이 세상과 충돌하며 이해하는 것처럼 말이다. 가구의 날카로운 가장자리와 마찬가지로 우리가 처음 만난 변칙이 아름다운 경우는 거의 없다. 그 변칙들은 우리가 안다고 생각하던 것이 틀렸음을 보여 주고, 우리가 맞다고 여기는 이론과 믿음에 반대하며 추정에 깔끔하게 일치시키려는 우리의 노력에 저항한다. 이때야말로 과학이 상상력보다 증거를 우선시하고 증거가 우리를 어느 쪽으로 끌고 가든 따라야 하는 때다.

예를 들어 19세기 후반 물리학자들은 가열된 물체에서 방출되는 빛인 '흑체 복사'에서 이상한 점을 발견했다. 흑체 복사 스펙트럼은 파장이 온도에 따라 달라지는 단일 최고점을 특징으로 한다. 즉 물체가 뜨거울수록 흑체 복사 최고점의 파장이 짧다. 별들을 생각해 보라. 작고 차가운 왜성들은 빨간색이고, 태양과 같이 따뜻한 별들은 노란색으로 빛난다. 그리고 가장 크고, 가장 뜨거운 별들은 이글거리는 푸른색이다. 하지만 물리학자들은 고온에서 스펙트럼의 변화를 설명하거나 정확하게 모형화할 수 없었다. 1900년 막스 플랑크가 물체는 이산된 단위, 즉 양자 단위로 에너지를 흡수하고 방출한다고 제안하기 전까지는 말이다. 이 혁신적인 통찰력은 양자 역학과 현대 물리학의 시대를 이끌어 냈다.

알베르트 아인슈타인 같은 천재도 양자 세계의 이상한 특성, 특히 양자 얽힘 현상과 양자 비국소성(두 입자가 아무리 멀리 떨어져 있어도 서로 연동되는 신비한 능력)이라는 아이디어에 어리둥절해했다. 그는 이 특이한 아이디어와 씨름하다가 결국 그것을 '먼 거리의 유령 같은 작용'이라고 언급했다. 최근의 실험들은 아인슈타인이 이런 현상을 무시한 것이 잘못이었음을 말해 준다. 우리가 비국소성에 대해 이해할수록 현실의 본질이 드러난다는 것이 판명되었다.

과학은 그 핵심에서부터 겸손을 요구한다. 인간의 상상력으로는 자연의 풍요와 다양성을 완전히 그려 낼 수 없다는 것을 이해하라는 뜻이다. 하지만 이 겸손은 물음과 함께 우리 자신을 더 넓은 가능성에 개방하려는 욕망으로 이어져야 한다.

과학에서 이는 종종 어려운 결정을 내리는 것을 의미한다. 선택이란 과학자들의 즉각적인 영향력 밖에서 이루어지는 경우가 흔한데, 특정한 가능성 쪽으로 노력을 기울이고 다른 가능성은 도외시한다. 예를 들어 지구에 있는 대형 망원경의 수는 계속해서 증가하고 있지만 이를 사용하려는 천문학자들의 수에 보조를 맞추기에는 부족하다. 시간 배분에 대한 경쟁적 요청을 판단하기 위해 기관들과 대학들은 위원회와 자금 지원 기관을 구성했다. 그들은 위원회의 전문 지식을 적용해서 제출된 요청을 승인하고 우선순위를 정한다. 하지만 여기에는 불가피하게 그들의 편견과 추정도 끼어들게 된다. 나는 그러한 모든 의사결정 기관이 자원의 상당 부분, 말하자면 20% 정도를 고위험 프로젝트에 의무적으로 할애해야 한다는 생각을 자주 했다. 금융 포트폴리오와 마찬가지로 인류는 과학에 분산 투자할 필요가 있다.

하지만 많은 연구원이 처한 상황은 이러한 이상과는 거리가 멀다. 특히 젊은 시절의 열정을 잃고 경력 사다리를 통해 종신 고용직까지 오른 뒤에는 더하다. 연구원들은 그 직업의 안정성을 활용하는 대신 학생들과 박사 후 연구원들로 구성된 메아리 방을 만들어 과학적 영향력과 명성을 증폭하는 데 쓴다. 영예는 학계의 얼굴을 꾸며 주는 화장일 뿐인데도 집착하는 경우가 너무 많다. 인기 경연 대회는 정직한 과학 연구의 범위를 벗어난다. 과학적 진실은 트위터의 '좋아요' 수가 아니라 증거에 의해 결정된다.

젊은 과학자들에게 전달해야 할 가장 어려운 교훈 중 하나는 진리에 대한 탐구와 합의점이 엇갈릴 수 있다는 것이다. 사실 진리와 합의는 결코 혼동되어서는 안 된다. 그런데 슬프게도 이 교훈을 가장 잘 이해하는 사람은 해당 분야에 막 들어선 학생이다. 그 뒤로는 해마다 동료들의 단합된 압박과 취업 시장의 전망으로 보신을 꾀하는 경향이 생긴다.

천체 물리학이 이러한 힘에 유일하게 취약한 학문은 아니지만, 우주에 여전히 남아 있는 변칙을 생각하면 보수적인 과학을 명시적이면서도 암묵적으로 장려하는 현실은 우울하고 우려스럽다. 비범한 주장에 왜 비범한 증거가 필요한지는 분명하지 않지만 (증거는 그냥 증거 아닌가?) 나는 비범한 보수주의가 우리를 비범하게 무지한 상태로 만든다고 믿는다. 한마디로 현장에서 너무 신중한 탐정은 필요하지 않다.

연구의 불꽃이 계속되려면 유망한 젊은 학자들을 모을 수 있는 환경 뿐만 아니라, 발견이란 본질적으로 예측할 수 없음에도 다음 세대 과학자들이 발견에 힘쓸 수 있는 환경을 선배 과학자들이 조성해야 한다. 신진 과학자들은 성냥과 같고, 그들이 일하는 환경은 성냥갑과 같다. 만약 당신이 새로운 불을 지피려는 순간에 낡아서 반들반들해진 성냥갑의 옆

구리를 성냥으로 치고 있다면 무슨 소용이 있겠는가. 오랜 시간 동안 배운 직업적 교훈은 다음과 같다. 새로운 발견을 장려하고 싶다면 새로운 성냥갑을 만드는 것이 좋다.

* * *

정통성을 확립하고 강요하는 게이트 키퍼들이 이미 모든 해답을 알고 있다고 믿었기 때문에 과학적 진보가 여러 해 동안 좌절된 경우가 많다. 분명하게 말하지만 갈릴레오를 가택 연금시켰다고 지구가 태양 주위를 돈다는 사실이 바뀌지는 않는다. 수 세기 후 세계는 갈릴레오 편을 들고 있다. 하지만 그것이 갈릴레오의 일화에서 얻는 유일한 교훈이라면 나는 우리가 또 다른 중요한 통찰을 배우지 못하는 게 아닌가 걱정된다. 우리는 갈릴레오와 그에게 재갈을 물린 권력 모두에게 빚이 있다. 전자를 축하하는 것으로는 부족하다. 우리는 후자를 경계하는 법도 배워야 한다.

21세기 기술적 편리에 둘러싸인 과학자들은 자신들을 갈릴레오의 후예라고 여기지 갈릴레오에게 재갈을 물린 사람들(이들도 분명히 사람이었다)의 후예라고 여기지는 않는다. 그러나 이는 과학자가 유리한 데이터만 선별하는 것과 비슷한 오류다. 우리의 문명은 과학적 진보의 산물일 뿐만 아니라 어떠한 이유로든 진보가 지연되거나 심지어 중간에 멈춰 버린 순간들의 산물이기도 하다. 우리가 오늘날 이 자리에 서 있는 것은 망원경을 들여다본 남녀들 때문이기도 하지만 그것을 거부한 남녀들 때문이기도 하다.

과학은 현재 진행형이고, 과학 지식의 추구에는 끝이 없다. 하지만 그 진보는 곧은 길을 따라가지 못하고 때때로 인간이 만들어 낸 장애물에 부딪히기도 한다. 우리가 끝없이 배우는 가운데 수반되는 겸손은 불행하게도 오무아무아의 경우처럼 기독교 권력이나 세속 권력 또는 승리를 너무 일찍 선언하고 연구가 결승선에 도달했다고 여기는 과학자들의 자만심에 의해 잊히곤 한다. 특히 마지막 사례의 예는 무수히 많다. 그러한 순간들을 잠깐 훑어보는 것은 우리가 오무아무아에 관한 증거를 지지하는 모든 가설에 문을 너무 빨리 닫은 게 아닌지를 확인하는 데 도움이 될 수 있다.

1894년 저명한 물리학자 앨버트 마이컬슨은 19세기 후반에 실현된 물리학의 위대한 진보를 조사하고 다음과 같이 주장했다. "거대한 기본 원칙의 대부분이 확고하게 확립된 것 같다. … 미래 물리학에서 진리를 추구하는 탁월한 물리학자가 할 일은 소수점 이하 여섯 자리를 찾는 정도일 것이다." 그런데 반대로 이후 수십 년 동안 물리학자들은 특수 상대성 이론, 일반 상대성 이론, 양자 역학의 출현을 목격했는

데, 이 이론들은 물리적 현실에 대한 우리의 이해를 혁명적으로 바꾸며 마이컬슨의 예측을 반증했다.

이와 비슷하게 1909년 8월 천문학자 에드워드 찰스 피커링은 《월간 대중 과학Popular Science Monthly》의 한 기사에서 망원경이 최적 크기인 1.3m에서 1.8m에 도달했으므로 더 큰 조리개를 가진 기구를 만드는 일은 거의 의미가 없다고 주장했다. 피커링은 "다른 조건들, 특히 기후, 해야 할 일의 종류 그리고 무엇보다도 접안렌즈 뒤에 있는 사람에 의해 더 많이 좌우된다"라고 썼다. "이 경우 전함과 다르지 않다. 300m 길이의 배가 항상 150m짜리를 침몰시킬까? 망원경의 크기가 거의 한계에 다다른 것 같으며 차후 개선은 다른 방향에서 기대해야 할 것 같다."

물론 피커링은 오판했다. 망원경은 구경이 클수록 더 많은 광자를 수집하여 과학자들에게 우주의 더 먼 곳과 더 먼 과거를 보여 준다. 피커링은 1877년부터 1919년까지 하버드 대학 천문대를 이끌었다. 따라서 그의 말이 큰 무게를 지녔던 동부 해안이 특히 불운을 겪었다. 그 결과 그 후 수십 년 동안 서부 연안이 미국 천문 관측의 중심이 되었다.

그 변화는 서서히 일어났다. 1908년 12월 캘리포니아 윌슨산 천문대에 있는 조지 엘러리 헤일의 구경 1.5m 망원경이 첫 번째 빛을 보았다. 이 망원경은 피커링이 선언한 최적 범위 안에 있었지만 더 생산적이었다. 그런데도 피커링과 동부 연안은 현실에 안주했다. 그러나 헤일은 안주하지 않고 자신의 길을 갔다.

헤일은 곧 구경 2.5m 망원경을 제작했다. 이 망원경은 1917년 윌슨산 천문대에서 작동을 시작했고 그 직후 에드윈 허블과 밀턴 휴메이슨이 사용하여 우주가 팽창하고 있다는 것을 알아냈다. 이는 20세기의 중요한 발견 중 하나였다. 헤일의 이 망원경이 한동안 세계에서 가장 큰 광학 망원경이었다가 1948년 그 두 배 구경의 망원경이 캘리포니아 팔로마산 천문대에서 작동을 시작했다. 이 구경 5m의 팔로마산 천문대 망원경은 오랫동안 운용되면서 천문학자들이 많은 새로운 광원과 함께 전파 은하와 퀘이사(퀘이사는 초거대 블랙홀로 떨어지는 가스에서 연료를 얻는다)라고 알려진 활성 은하핵을 발견하도록 도왔다.

망원경은 오늘날에도 계속 커지고 있다. 현재 여러 대의 10m짜리 망원경이 가동 중이며, 구경 24.5m(하버드 대학 천문대가 제휴하여 피커링이 잃은 입지를 일부 회복했다), 30m, 39m짜리 초대형 망원경 세 대가 향후 10년 이내에 가동될 예정이다. 지름이 크면 전례 없는 각도 분해능을 제공할 수 있으며, 수집 영역이 크면 이전에는 감지할 수 없었던 희미한 광원을 감지할 수 있다. 피커링은 그의 오만 때문에 실수했다.

개인적인 오만이 아니라 직업적인 오만이었다. 피커링은 자기 세대의 과학자들이 관찰하고 이해하고 결정한 것을 발견의 정점이라고 생각했다. 피커링은 과학의 발전이 거짓 정점의 연속이라는 사실을 인정하지 않았다.

불행하게도 피커링만 이런 실수를 한 게 아니다. 사실 이는 과학의 역사를 통틀어 반복되는 실수다. 1925년 세실리아 페인(후에 세실리아 페인 가포슈킨Cecilia Payne-Gaposchkin)은 천문학에서 박사 학위를 받은 최초의 하버드 학생이 되었다(공식적으로는 래드클리프 칼리지에서 학위를 받았는데, 당시 하버드 대학은 여성에게 학위를 허용하지 않았기 때문이다). 페인은 태양의 대기가 대부분 수소로 이루어져 있다고 결론지었다. 페인의 논문을 검토한 매우 존경받는 프린스턴 대학 천문대의 헨리 노리스 러셀 소장은 태양의 대기 구성이 지구와 다를 수 없다고 주장하며 해당 내용을 최종 논문에 싣는 것을 만류했다. 이후 몇 년 동안 러셀은 새로운 관측 데이터 분석을 통해 페인이 틀렸다는 것을 증명하려 노력하다가 오히려 옳다는 것을 깨달았다.

오만은 1950년대 중반 다시 한번 학계의 발전을 지연시켰다. 찰스 타운스가 메이저maser(microwave amplification by stimulated emission of radiation, 전자기파의 유도 방출에 의한 마이크로파 증폭 장치)의 실현 가능성을 입증하려 할 때였다. 메이저는 일단 제작되면 원소 종류에 따라 특정한 주파수로 전자기파를 증폭할 수 있었다. 노벨상 수상자 이시도어 라비와 폴리카프 쿠시는 1954년 컬럼비아 대학에 있는 타운스의 실험실을 방문해 메이저가 작동할 리 없다고 주장하며 암모니아에 대한 실험 중단을 간청했다. 다행히 타운스는 굴하지 않았고, 메이저는 원자시계의 시간 기록 장치가 되었으며 전파 망원경과 우주 깊숙한 곳에서의 우주선 통신에도 널리 사용되었다. 이후 타운스는 많은 과학자와 협력하여 선구적 연구를 했고 레이저 개발을 직접 이끌었다.

여기 더 최근의 예가 있다. 나는 언젠가 카이퍼 띠(해왕성 궤도 밖에 있는 얼음 천체들의 고리)에 있는 물체들을 연구하는 저명한 천문학자에게 그곳에서 인공광의 표지가 될 수 있는 밝기 변화를 찾을 수 있는지 물어본 적이 있다. 그는 내 제안을 듣더니 바로 비웃었다. "왜요? 거기서는 찾을 게 없어요."

학계 주류는 처음에 카이퍼 띠의 천체를 상상의 구조물로 여겼다. 물론 명왕성은 예외였다. 가장 큰 카이퍼 띠의 천체인 명왕성은 1930년 클라이드 톰보에 의해 발견되어 행성으로 여겨졌다. 반세기가 훌쩍 넘어 UCLA의 천문학자 데이비드 주잇David Jewitt은 카이퍼 띠의 천체를 추적하기 위한 망원경 사용 시간이나 자금 지원을 받을 수 없어 다른 프로젝트들에 편승하여 연구했다. 1992년 주잇과 제인 루Jane Luu는 마침내 하와이 마우나케아 꼭대기에 있는 주경 2.2m 짜리 망원경을 사용하여 최초로 명왕성이 아닌 카이퍼 띠의 천체를 발견했다.

각각의 사례에서 한 단계 도약을 가로막는 것은 이용 가능한 기술의 부족이나 상상력의 부재 또는 시험 가능한 데이터의 부족이 아니라 영향력 있는 (때로는 선의를 가진) 게이트 키퍼들의 오만이었다. 지금 우리가 더 크고 웅장한 망원경들과 그것들이 열어 놓은 가능성의 세계를 찬미하고 있는 만큼, 과학자들이 몇 년, 몇 세대 전에 이러한 발견을 했다면 어떤 일이 일어났을까?

* * *

많은 과학자는 자신들을 일반인과 태생부터 다른 엘리트 지성인의 일원으로 본다. 의식적으로든 무의식적으로든 그들은 자신을 무지렁이들로부터 분리하고 싶어 한다. 그러한 생각은 적어도 일부나마 내가 아는 많은 과학자의 주장에 동기부여를 한다. 과학자는 확실한 것을 알아낸 후에야 대중과 의사소통을 할 수 있다는 주장이다. 만약 일반인들이 시작과 중단, 막다른 골목으로 가득 차 있는 과학의 복잡한 현실을 알게 되면, 모든 결과에 완성되지 않았다거나 의문의 여지가 있다는 낙인을 찍을 것이라는 이유에서다. 일부 과학자들이 두려워하는 바와 같이, 지구 기후에 인간이 끼치는 영향 그리고 인간을 포함한 지구상의 모든 생명체에 미칠 수 있는 잠재적인 재앙적 결과와 같은 중요한 과학적 합의가 모두 간단히 무시될 수도 있다. 이 움켜쥐기 전략은 과학자들을 실제보다 더 똑똑하게 보이게 하는 추가적 이점을 가지고 있으며, 더 큰 매력은 외부의 비판을 제한한다는 것이다.

하지만 이 방법은 옳지 않다. 대중에게 알리는 일은 우리의 의무이다. 그것은 단지 그 많은 과학 연구가 납세자의 지원을 받기 때문만은 아니다. 과학 발전에 대해 깊이 알고, 참여하고, 열광하는 대중은 재정을 지원해 줄 뿐만 아니라 그들의 자녀, 즉 가장 영민한 정신들의 관심과 노력을 가장 접전이 치열한 도전으로 이끌어 주기도 한다. 그런 의미에서 장기적으로는 우리가 아는 것과 모르는 것에 대한 지식을 좀 더 개방하는 편이 과학자들에 대한 신뢰를 높일 것이다. 마지막까지 대중을 차단하는 것도 불신을 초래할 수 있다. 결국 우리가 직면하고 있는 변칙은 과학자들만을 위한 것이 아니다. 모든 인류가 맞서고 있는 것이다. 의학적인 진보와 매우 비슷하게 돌파구가 생기면 모두에게 이익이 된다. 우리는 진행 중인 작업을 세계에 보여야 한다. 특히 결정적 증거가 부족해서 불확실성이 가득하고 경쟁적 해석에 시달릴 때는 더욱 그렇다. 우리도 우리가 발견하는 것에 자주 놀란다는 것을 모든 사람에게 보여 줘야 한다.

세티가 학부 수준에 불과하다는 학계의 가혹한 비난 또한 대학원생들의 관심에 찬물을 끼얹었다. 한 추산에 따르면 명확히 세티를 주제로 해서 박사 학위를 받은 학자는 전 세계적으로 8명뿐이다. 하지만 앞으로는 약간 바뀔지도 모른다. 이 글을 쓰는 현재 7명의 대학원생이 세티 관련 주제로 박사 학위 과정 중에 있다.[19] 다음 세대의 천문학자들에게 어떤 종류의 질문을 장려하고, 그 결과로 어떤 종류의 실험을 하고, 어떤 종류의 데이터를 추구하라고 해야 할까? 여기서 다시 오무아무아가 슬쩍 우리를 떠민다, 여기에 관심을 기울여야 한다고. 성간 우주를 건너서 여행하는 기술적 장비는 놀라울 수 있지만, 그것을 탐지할 수 있을 만큼 민감한 장치를 개발하기 전까지는 우리 눈에 띄지도 않을 것이다.

나는 유리 밀너에게 경의를 표하며 외계 생명체를 찾는 일을 과학 연구의 궁극적인 벤처 캐피탈 투자라고 묘사한 적이 있다. 모든 연구 방법은 투자와 마찬가지로 위험하다. 세티에는 우주의 건초더미에서 찾고 있는 바늘의 특성에 관한 단서가 거의 없지만, 어떤 바늘이든 발견된다면 보상은 엄청날 것이다. 그러한 투자에 대한 수익은 다른 한정된 분야의 과학적 수익을 크게 앞지를 것이다. 그러한 발견으로부터 얻을 수 있는 전문 지식은 말할 것도 없으며 우리가 외톨이가 아님을 아는 것만으로도 인류 자체를 변혁시킬 수 있다.

나는 기득권자들이 기괴하다고 간주하는 아이디어를 옹호하는 일이 어려울 수 있다는 것을 안다. 특히나 젊은 과학자들에게는 더욱 어려울 것이다. 나는 그동안 쌓아 온 상당한 직업적 안정성도 가지고 있고, 다른 사람들의 인정에는 무관심한 (최소한 초등학교 1학년 첫날까지 거슬러 올라가는) 타고난 성향도 있다. 나는 아직 '오무아무아는 외계인의 빛의 돛이라는 가설'을 발전시킬 또는 그것이 내포하고 있는 가능성을 탐험할 준비가 안 되어 있을지도 모른다. 하지만 내 삶이 취약하지 않다는 점과 누구에게나 한 번은 공공의 발전에 기여할 기회가 온다는 점이 내게 강렬하게 다가왔다. 여기에는 전적으로는 아니더라도 우주에 대한 나의 과학 연구도 한몫했다.

8장 광대함

*

한창 셜록 홈즈의 이야기를 읽고 있는 동안에는 홈즈의 장점을 잊기 쉽다. 어쨌든 그에게는 그 어떤 개별적인 사건도 많은 사건 중 하나일 뿐이다. 그리고 홈즈는 "다른 모든 요소를 제거하라. 그렇게 해서 마지막 남은 하나는 진실이어야 한다"라는 관점을 자신의 추리 습관에 적용하는데, 이는 《네 개의 서명》, 〈녹주석 코로넷〉, 〈수도원 학교〉, 〈창백한 군인〉에서 언급된다.

생산적 천체 물리학자들은 소설 속 탐정들과 다르지 않다. 모든 변칙이 같지 않지만, 그것들을 풀려고 노력하는 과정은 같다.

홈즈는 "다른 모든 요소를 제거하라"라고 명령한다. 그리고 공교롭게도 오무아무아의 발생과 용도에 관해 궁금증을 자아내는 또 다른 요소가 있다. 오무아무아 그 자체와는 관련이 없다. 하지만 오무아무아가 거쳐 온 우리가 아는 그 어떤 것보다 더 오래되고 거대한 우주와 관련이 있다. 그 고대성과 광활함이 사실 오무아무아의 또 다른 미스터리를 푸는 열쇠를 쥐고 있을지도 모른다.

* * *

오무아무아가 발견되기 10년 전 태즈메이니아 중부 고원 크레이들산에서 가족과 휴가를 보낼 때였다. 저녁 식사 후 밖에 나가서 하늘을 올려다보았다. 문명의 중심에서 너무 멀리 떨어져 있었기에 세계의 많은 뒷마당에서처럼 시야를 망치는 일반적인 빛 공해는 없었다. 나는 맑은 밤하늘을 응시했다.

압도적이었다. 머리 위로 길게 뻗은 우리 은하의 셀 수 없이 많은 별이 하늘을 가로지르고 있었다. 그 옆으로 대마젤란은하와 함께 우리의 가장 가까운 이웃 은하인 안드로메다가 거의 달 크기의 무지갯빛 얼룩으로 반짝였다. 나는 그 광경을 보며 기쁨을 느끼는 동시에 그것이 영원하지 않다는 사실에 감사하기도 했다. 인류가 그 끝을 목격하게 될지는 아무도 예측할 수 없지만, 우리가 오늘 밤 올려다보는 하늘이 우리보다 더 영원하지 않다는 사실만은 확실하다.

당시 나는 특히 우주의 덧없음에 민감했다. 몇 년 전만 해도 미래에 벌어질 우리 은하와 안드로메다의 충돌을 시뮬레이션한다는 나만의 아이디어를 가지고 있었다. 나는 특히 먼 미래의 우주에 매료되어 있었다. 우주의 가속 팽창으로 우리 은하가 공허한 공간 속에 남겨지게 된 이후의 미래 말이다. 이는 전에 논문으로도 제시한 바 있다. 일단 우주가 지금보다 10배 더 나이가 들면 먼 은하들은 모두 빛의 속도보다 빨리 우리한테서 멀어지게 될 것이고, 인류는 우리 은하계의 별들만을 관찰할 수 있을 것이다. 이 은하는 어떻게 생겼을까? 안드로메다와의 거대한 충돌은 밤하늘의 모습을 바꿀 뿐만 아니라 태양을 병합된 은하의 외곽으로 몰아넣을 것이다. 또 이때 확정된 새로운 우주 이웃이 10조 년 뒤 프록시마 센타우리같이 가장 희미하고 가장 흔하게 있는 왜성들까지 포함한 모든 별의 빛이 꺼질 때까지 함께할 것이다. 나는 박사 후 연구원인 T. J. 콕스T. J. Cox를 설득해 이 미래에 있을 충돌을 시뮬레이션해 보자고 했다. 그리고 우리는 2008년에 다음과 같이 보고했다. 태양이 죽기 훨씬 전인 몇십 억 년 안에 우리의 밤하늘이 바뀌고 두 자매 은하의 별들이 섞여서 새로운 럭비공 모양의 은하를 만들 것이다. 우리는 이 은하에 밀코메다Milkomeda(은하인 밀키 웨이와 안드로메다의 합성어. -옮긴이)라는 이름을 붙였다.

그날 밤 나는 연구했던 것들을 태즈메이니아에서 직접 눈으로 보는 놀라운 경험을 했다. 우리 은하와 안드로메다은하는 눈부신 폭포 같은 빛으로 하늘을 가로질러 쏟아졌다. 은하를 그렇게 선명하게 봐서인지 그것들 사이에 있는 내 위치를 평소보다 더 절실히 느꼈다. 이것이 천문학의 즐거움이다. 이와 대조적으로 입자 물리학자들에게는 맨눈으로 힉스 입자를 볼 수 있는 특권이 없다.

하지만 그날 저녁 먼 미래에 있을 우리 은하의 변화에만 몰두하진 않았다. 내 마음속 가장 첫 번째 질문은 우주가 시작된 직후 1세대 별과 은하가 어떻게 빛을 발했는가였다. 이 질문은 우주의 기원과 관련한 과학적 세부 사항에 관한 것이었다.

천체 물리학자가 되고 나서 처음 매혹된 것이 우주의 새벽이다. 이에 대한 나의 관심은 프린스턴에서 일하는 동안 시작되었고 세월이 흐르면서 선명해졌다. 결국 이 미스터리에 대한 조사는 다른 연구에도 영향을 주어서 우주의 역사뿐만 아니라 그 역사를 우리와 공유할지도 모르는 다른 문명들에 대한 생각에 이르게 되었다.

맑은 밤하늘을 올려다보면 내가 몇 년 전에 태즈메이니아에서 느꼈듯이, 우리 은하에 있는 태양과 비슷한 수많은 별빛이 마치 우주를 가로지르는 거대한 우주선의 주 선실에서 나오는 불빛처럼 보일 것이다. 그리고 그 불빛 중 몇 곳에는 승객들이 있을 것이다. 오무아무아와의 짧은 만남에서 이 승객들에 대해 무엇을 알 수 있을까? 또 우리 자신에 대해서는 무엇을 알 수 있을까?

* * *

우리는 우주의 탄생인 빅뱅을 약 138억 년 전으로 잡는다. 우주의 초기 기원에 관한 이론과 데이터를 생산하고 예측을 확인하는 매혹적이고 즐거운 작업이 행해졌고, 그러면서 첫 1억 년 후에 모든 것이 어둠에 가려졌다는 공통 합의도 이루어졌다. 이때가 첫 번째 별이 태어났을 때다.

어떻게 최초의 별들이 생겨났을까? 1993년 하버드 대학에 온 후 대학원생 졸탄 하이만Zoltan Haiman과 박사 후 연구원 앤 툴Anne Thoul과 함께 초창기 별들의 형성을 설명하기 위한 이론을 연구했다.

빅뱅 이후 물질은 빠르게 팽창하는 우주에 다소 고르게 퍼져나갔다. 물질이 **거의** 균일하게 퍼졌다는 것이 매우 중요하다. 우리는 어떤 곳에서는 우주가 평균보다 조금 더 밀도가 높게 시작되었다고 이론화했다. '조금'이란 10만분의 1 정도

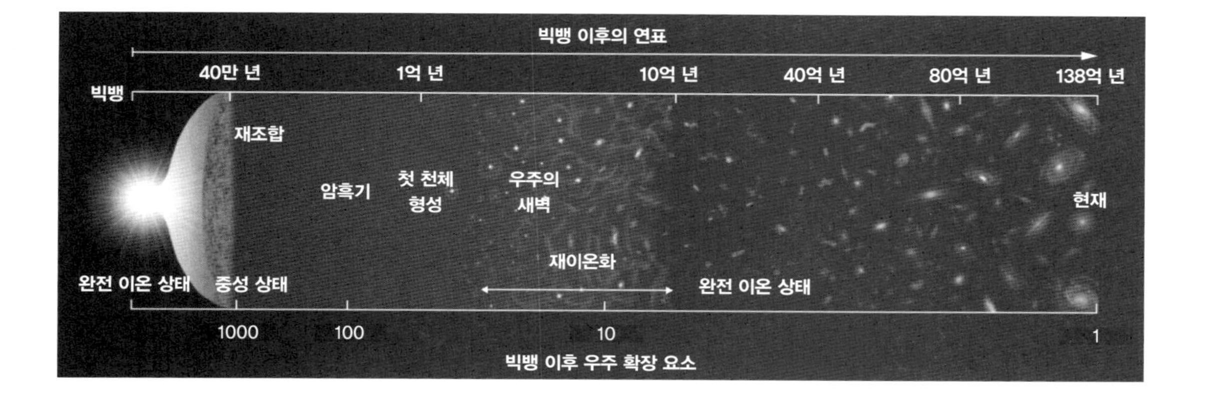

우주 역사 연대표. 태양계는 비교적 늦은 46억 년 전에야 형성되었다. 현대 과학 기술은 겨우 1세기 남짓에 불과한 0.000001억 년 전에 지구에 등장했다. 우리가 현대 망원경 기술을 개발하기 전에 많은 문명이 나타났다 사라졌을 수 있다. Mapping Specialists, Ltd.

더 밀도가 높다는 뜻이다. 그러나 그 조금의 섭동으로 충분했다. 그것이면 중력이 물질을 점점 더 밀도가 높은 지역으로 끌어들이고 대부분 수소 원자로 이루어진 가스 구름이 모여들기 시작하기에 충분했다.

우리 연구팀은 그 아이디어를 정교한 컴퓨터 하드웨어가 있어야 더 발전시킬 수 있는 지점에 도달할 때까지 연필과 종이를 가지고 모형화했다. 당시 예일 대학 대학원생이었던 볼커 브롬Volker Bromm이 이 과제를 떠맡았다. 지난 20년 동안 브롬과 다른 이론가들은 우리가 별의 탄생을 개략적으로 설명한 과정이 초기 은하들을 만들어 낼 수 있다고 밝혀냈다. 모형과 이론도 매우 귀중하지만 이 둘을 증명할 데이터는 필수다. 나는 우리의 이론이 예측한 가스 구름을 보고 싶었는데, 그것은 약 130억 년 전 증거를 찾아야 한다는 의미였다.

천체 물리학자 탐정들은 우주적인 도전 규모를 마주하고 압도당할 수 있다. 그러나 그들은 다른 학문과 견줄 수 없는 자산 하나를 가지고 있다. 시간을 되돌아보는 능력이다. 빛은 유한한 속도로 이동하기 때문에 우리는 더 멀리 볼수록 더 멀리 시간을 거슬러 올라갈 수 있다. 그리고 우주가 모든 곳에서 비슷한 조건을 가지고 있었으므로 우주를 깊이 들여다봄으로써 우리는 우리 자신의 과거를 볼 수 있다.

우주를 더 깊이 들여다볼수록 더 오래된 물체들을 발견하게 된다. 프록시마 센타우리같이 4광년 떨어져 있는 별을 보는 것은 4년 전의 별을 보는 것이다. 빛이 방출되었을 당시인 130억 광년 떨어져 있는 은하에 망원경의 초점을 맞춘다면, 130억 년 전 그대로의 우주를 훔쳐보게 되는 것이다. 우주의 '암흑기', 첫 별들이 생겨난 가스 구름이 모이는 순간까지 거슬러 올라가 엿보는 것은 과학의 기념비적인 도전이다. 그러다 보면 우리가 이해할 수 없을 정도로 방대한 우주의 시간적 규모를 깊이 생각할 수밖에 없게 된다. 오늘날 인간은 평균적으로 거의 73년을 산다. 130억 년 전 우주의 첫 번째 빛이 나오는 것을 보았으려면, 우리는 평균 수명의 1억 8,000만 배나 되는 삶을 살고 있어야 했을 것이다. 지구가 45억 년밖에 되지 않았고, 지구가 생명체를 지탱해 온 것이 38억 년 전부터라고 믿고 있는데, 이를 고려하면 너무나 터무니없는 생각이다.

우주를 들여다보면 천체 물리학자들은 우주의 물리적 방대함도 마주하게 된다. 우리는 우주 역사 초기에 방출된 빛을 볼 수 있다. 우주는 우리를 중심으로 하는 고고학적 발굴과 유사하다. 우리가 깊게 볼수록 더 오래된 층들이 발견된다. 이 우주 역사 전시회는 우리를 둘러싼 가시 구체의 가장자리, 138억 광년 떨어진 빅뱅의 위치까지 거슬러 올라간다. 이 가장자리 너머에서 발원한 빛은 우리에게 도달하는 시간이 우주의 나이보다 더 오래 걸리므로, 그보다 먼 지역은 우리에게 보이지 않는다.

이 광대한 우주에서 우리가 유일한 지성체라고 가정하는 것은 매우 주제넘은 일이다. 우리가 알든 모르든 수많은 다른 행성에 생명체가 존재할 수 있으며, 어떤 살아 있는 문명과 접촉하기 전에 외계 기술의 유물과 마주칠 가능성이 훨씬 높다. 오무아무아와 같은 성간 천체의 미스터리한 특성에 관한 설명을 생각할 때는 이를 명심해야 한다.

* * *

우주의 새벽에 관한 나의 연구는 '21cm 우주론'이라고 불리는 새로운 연구 분야를 창조하는 데 기여했다. 수소 원자의 방사선을 이용하여 우주를 3차원으로 지도화하는 전파 천문학 분야인데, 이 방사선의 파장은 21cm로 시작했다가 우주 팽창에 따라 늘어났다.

당신은 이 파장이 우리가 텔레비전, 라디오, 휴대폰, 컴퓨터의 잡음으로 채우는 것과 같은 미터파 전파 스펙트럼이라는 것을 기억할지도 모르겠다. 여기서 마티아스 잴더리아가와 내가 다른 진보한 문명도 같은 잡음을 내는 게 아닐까

하는 궁금증을 가지게 만든 통찰이 나왔다. 하지만 내가 처음에 21cm 전파 방출에 관심을 가진 것은 문명이 있기 훨씬 이전을 되돌아볼 수 있는 수단이기 때문이었다. 이때는 외계인을 찾지 않았다. 내가 찾는 것은 수소였다.

빅뱅 이후 수소는 우주에서 가장 풍부한 원소였으며 다른 것과 격차도 컸다. 초기 우주는 약 92%의 수소 원자와 8%의 헬륨 원자로 되어 있었다. 하지만 이 시점에서 우주의 수소는 오늘날 우리가 감지할 수 있는 어떤 무선 신호도 내보내지 않았다. 빅뱅에서 바로 이어진 후폭풍 속에서 우주의 일반 물질의 대부분을 차지하는 수소가 이온화되었기 때문이다.

중성 수소 원자는 양성자 하나와 전자 하나로 구성된다. 하지만 높은 온도와 강한 자외선을 받으면 수소 원자는 부서져서(이온화되어) 전자를 버리고 양전하를 띤 단일 양성자로 존재한다. 이것은 수소의 행동, 더 정확히 말하면 수소가 방출하는 무선 신호의 종류를 변화시킨다. 중성 수소 원자에 결합된 전자는 여러 에너지 준위 사이에서 더 높거나 낮은 준위로 전이될 수 있으며, 그렇게 하면서 21cm 파장의 전파 형태로 광자, 즉 빛 입자를 내보낸다. 그러나 이온화된 수소는 그렇게 할 수 없다.

빅뱅으로부터 약 38만 년 후 우주는 전자와 양성자가

결합해서 중성 수소 원자를 형성할 수 있을 정도로 냉각되었다. 그 원소의 식별 신호인 21cm 전파는 그때부터 찾기 시작할 수 있다. 그 뒤로 수억 년 동안 수소 원자는 중립을 유지하며, 높은 에너지 준위와 낮은 에너지 준위 사이를 오가면서 별과 은하가 형성되기 시작할 때까지 전파를 방출했다. 그러고 나서 우주의 수소는 다시 전부 이온화되었다.

별들은 가시광선 말고도 많은 것을 방출한다. 자외선도 방출하는데, 이것은 수소 원자들을 전자와 양성자로 나눌 수 있다. 첫 번째 별들이 켜졌을 때, 그들은 우주의 중성 수소 원자들을 다시 이온화시켰다. 이것은 순간이라기보다는 시대에 가까운, 초창기 별과 블랙홀에서 나오는 자외선이 우주의 중성 수소로 된 어두운 안개를 양자와 전자로 나누는 긴 기간이었다. 그러나 우주의 화학 변화는 천체 물리학자들에게 찾을 데이터, 즉 21cm 전파 방출의 부재를 주었다. 이온화된 수소 원자는 무선 신호를 방출하지 않지만 중성 수소 원자는 방출한다.

따라서 21cm 방출 신호가 사라지는 순간이 별이 태어난 순간이다. 짖지 않은 개에 주목한 셜록 홈즈의 유명한 이야기처럼, 이 과학적 미스터리는 '더 이상 21cm 전파 방출을 발생시키지 않는 수소 사건'이 되었다.

이 글을 쓰는 지금, 이 탐색은 정확히 언제 별이 빛나기 시작했는지 알아내는 데 필요한 데이터를 찾는 단계에 있다. 현재 남아프리카에서 수소 재이온화 시대 배열HERA(Hydrogen Epoch of Reionization Array)이라고 불리는 다중 안테나 배열이 초기 우주로부터의 21cm 방출을 측정하고 있다. 허블 우주 망원경은 최근 빅뱅이 일어난 지 불과 3억 8,000만 년 만에 빛을 반짝였던 은하를 발견했다. 그리고 수십 년 전 내가 첫 과학 자문단을 맡았던 제임스 웹 우주 망원경은 2021년에 발사될 예정이며 더 이른 시기의 은하를 발견할 수 있을 것으로 기대된다. 개발 중인 것으로는 구경 24.5m의 거대 마젤란 망원경과 30m 망원경, 39m의 유럽 초거대 망원경이 있다.

이러한 노력으로 얻은 데이터는 이제 막 손에 닿기 시작했다. 별들이 어떻게 빛을 발하게 되었는지에 대한 설명들에서 쭉정이를 가리는 키질도 시작되었다. 그리고 거기서 발견된 해답은 우리 자신 이외의 지성체가 이 넓은 우주에 존재하는가 하는 문제와 즉각적인 관련성을 가질 것이다. 만약 오무아무아가 외계 기술이라면, 그것의 설계자들 역시 우리와 공유하는 우주의 어두운 과거를 들여다보고 마찬가지로 이온화 수소나 중성 수소의 의미를 알아냈을 가능성이 높다. 자신의 태양계 부근이나 항성들 사이의 우주를 탐사할 만큼 호기심이 있다는 것은 그 정의상 우주에 대해서 그 특성이 무엇인지, 그 과거는 어떻게 설명되는지, 그 미래는 어떻게 예측하는지에 대해 호기심이 있다는 뜻이다. 우리 자신의 호기심과 행동은 그저 외계 생명의 호기심과 행동에 대한 가장 좋은 가이드로 그치는 것이 아니다. 과학의 통찰은 외계 지성체를 이해하고 소통하는 데 필요한 공통 언어를 제공한다. 과학은 또한 우리가 발견한 것을 이해하는 수단을 제공한다. 그것이 아무리 순간적이고 아무리 부분적인 것일지라도 말이다. 우리가 만들 수 있는 것이라면 다른 지성체도 만들 수 있는 것이므로 그들이 실재한다면 같은 일을 했을 확률이 매우 높다.

9장 필터

✳

빛의 돛 가설이 참일 경우 두 가지 가능한 설명이 있다. 하나는 오무아무아의 제작자들이 의도적으로 우리 태양계 내부를 겨냥했다는 것이고, 다른 하나는 오무아무아는 어쩌다 우리에게 온 (혹은 우리가 그것에게 간) 우주 쓰레기라는 것이다. 이 해석 중 어느 쪽이든 오무아무아를 창조한 문명이 오늘날에도 여전히 존재하는지에 관계없이 정확할 수 있다. 하지만 우주와 문명에 대해 알고 있는 것을 고려해 볼 때, 우리는 어떤 해석이 정확할 것 같은지 그리고 오무아무아가 우리에게 또 그것을 창조한 누군가(또는 무언가)에게 어떤 의미가 있는지 몇 가지 추론을 할 수 있다.

우주 쓰레기라는 생각은 중요한 면에서 소행성/혜성 가설과 유사하다. 이는 오무아무아와 비슷한 물체가 엄청나게 많이 있고 오무아무아는 그중 하나일 뿐이라는 의미다. 그런 것이 마침 우리가 하늘로 망원경을 조준했을 때를 딱 맞춰 우리 망원경을 지나치는 일이 가능하다고 상상하려면 은하계의 각 별마다 이런 것들을 평균 1,000조 개씩 성간 우주로 내보내야 한다. 은하의 모든 행성계에서 5분마다 한 번씩 발사되고, 그러는 모든 문명을 은하계와 마찬가지로 130억 년 동안이나 살아 있는 것으로 간주해야 한다는 뜻이다. 그것은 확실히 사실이 아니다.

문명들이 물체를 그 밀도로 만들어 낼 수 있다는 생각은, 비평가들의 주장에 따르면 행성 형성과 바깥 구름의 물질 이탈로 충분한 숫자의 바위가 만들어진다는 식의 그 어떤 추측보다도 훨씬 더 불합리해 보인다. 우주 쓰레기를 그 밀도로 우주에 가득 채우려면 어마어마하게 많은 문명이 어마어마하게 많은 시간을 들여서 어마어마하게 많은 물질을 사출해야 한다. 물론 우리가 어떤 물질의 제작 이면에 지능이 있다고 고려하는 순간 물질을 무작위로 퍼뜨릴 필요성도 없어진다. 어쨌든 우리는 다섯 개의 성간 탐사선을 무작위 궤도로 보내지 않았다. 과학자들은 탐사선을 특정 별들로 보내기로 했고, 우리는 다른 지성체들도 그렇게 할 것이라고 예상할 수 있다.

우리는 또한 성간 우주선을 희귀하고 귀중한 것으로 상

상하는 덫에 빠지지 말아야 한다. 이는 우리의 보잘것없는 다섯 개의 성간 탐사선이 보여 주고 있다. 인류가 물질을 성간 우주로 보낸 흔치 않은 상황을 고려하면, 내가 가정한 가설적 풍부함은 정말 불합리해 보일 수 있다.

이 가능성을 나와 동료들이 유리 밀너에게 제안한 스타샷을 이용하여 스타칩을 사출했을 때의 잠재적인 발사율과 비교하여 생각하면 이 시나리오는 약간 덜 불합리해 보인다. 우리는 일단 투자가 이루어져서 스타샷을 우주로 발사하기 알맞은 강력한 레이저를 만들어 내면 수천 개, 심지어는 수백만 개의 스타칩을 성간 우주로 보내는 상대적 비용은 기하급수적으로 감소할 것이다.

하지만 내가 방금 설명한 시나리오에서 성간 우주선의 풍부함은 해변의 플라스틱병을 떠올려 보면 매우 합리적으로 보일 것이다.

* * *

지금 이 순간 미국 우주 감시 네트워크는 지구 궤도를 도는 1만 3,000개 이상의 인공 물체를 추적하고 있다. 여기에는 국제 우주 정거장에서부터 망가진 인공위성까지, 허블 같은 궤도 망원경에서부터 버려진 로켓 하단, 심지어는 우주 비행사들이 남긴 너트와 볼트까지 모두 포함된다. 또 우리가 50년 동안 우주로 보낸 약 2,500개의 위성도 포함되어 있다.

사실 이 짧은 시간 동안 지구 궤도면으로 물체를 보내려는 우리의 노력은 우주 쓰레기 문제를 일으키기에 충분했다. 일례로 2009년 활동이 멈춘 러시아 '코스모스 2251'과 활동 중인 미국 '이리듐 33' 두 위성이 시베리아 상공에서 시속 약 3만 5,900km의 속도로 충돌했다. 그 결과 순간적으로 구름 파편이 생겨 인공 물체들끼리의 충돌 위험을 더욱 증가시켰다. 이는 우리가 알기로 인공위성들 사이의 첫 번째 충돌이었으며 지구 궤도를 도는 대량의 고물들이 얼마나 위험한지 보여 주었다.

충돌의 위협은 해가 지날수록 꾸준히 증가해 왔는데, 부분적으로는 우주를 분쟁의 새로운 최전선으로 보는 국가들이 늘고 있기 때문이기도 하다. 10여 년 전 중국은 자신들의 '펑윈風雲 1C' 기상 위성을 파괴하여 대對위성 미사일 기술의 성공을 입증했다. 인도도 2019년 비슷한 업적을 달성하며 또 다른 우주 파편 400여 개를 만들어 냈다. 그 결과 국제 우주 정거장과의 충돌 위험이 열흘 동안 44% 증가한 것으로 추정되었다. 이 정거장이 위험을 피해 기동할 수 있게 설계된 것은 놀랄 일이 아니다. 그러려면 미리 경고를 충분히 받을 필요가 있지만 말이다.

인간이 하는 일은 다른 문명이 무엇을 할지 예측하는 데 도움을 준다. 바로 우리 자신이 다른 문명의 행동과 그 행동의 결과를 예상하기 위한 최고의 데이터 집합이다. 이 점을 염두에 두고 컴퓨터 시뮬레이션대로라면 200년 뒤 20cm보다 큰 우주 쓰레기 수가 1.5배로 늘어날 것으로 예측한 점을 고려해 보자. 게다가 더 작은 쓰레기들은 더 많이 증가하여 10cm 미만은 그 수가 13에서 20배 사이의 비율로 증가할 것으로 보고 있다.

슬프게도 쓰레기장이 되어 가는 우주는 인류가 자신의 지구상 서식지를 취급하는 형편과도 일치한다. 2018년 세계은행이 발표한 〈쓰레기 백서 2.0What a Waste 2.0〉[20]에 따르면 세계는 연간 약 20억 1,000만t의 고형 폐기물을 발생시킨다. 세계은행은 또한 2050년에 이르면 그 수가 34억t까지 증가할 것이라고 추정했다. 2017년 미국 환경 보호국은 미국인들이 **하루** 평균 2.05kg의 고형 폐기물을 발생시키며 그럼에도 가장 많이 배출하는 나라와는 한참 차이가 난다고 추정했다. 미국과 중국이 가장 많은 온실가스를 배출하는 반면 저소득 국가들은 경제력 때문에 쓰레기를 제대로 처리하지 못해 고형 폐기물을 많이 생산한다.

물론 지구의 관점에서 보면 고형 폐기물이 세계 **어디서** 발생했는지는 중요하지 않다. 어쨌든 그 대부분은 결국 바다에 이르게 된다.

가장 빠르게 증가하고 있는 폐기물 계열 중 하나는 신형 모델의 등장으로 교체되는 노트북, 휴대폰, 가전제품 등의 이른바 '전자 폐기물e-waste'이다. 2017년 유엔UN의 세계 전자 폐기물 현황 조사에 따르면 2016년 전 세계는 4,470만t의 전자 폐기물을 발생시켰다. 그리고 2021년에는 5,220만t으로 증가할 것으로 예측했다.

여기서 우리 문명의 행동은 다시 한번 오무아무아의 발생에 대해 궁금해할 때 고려할 수 있는 또 다른 증거 데이터를 제공한다. 만약 오무아무아를 작동하는 탐사선이나 불활성 부표가 아니라 다른 문명의 기능을 상실했거나 폐기된 기술 제품이라고 가정한다면, 이는 다른 문명이 우리가 바로 알아볼 수 있는 방식으로 행동했다는 것을 암시한다. 즉 그들도 우리처럼 기술적으로 그리고 다른 식으로도 물질 생산에 방탕했고 쓸모없어진 것들을 쉽게 버렸다. 우리가 아직 성간 우주에 쉽게 물질을 버리는 성숙기에 도달하지 않았다고 해서 우리의 성간 이웃들이 그럴 수 있고 아마도 그랬을 거라는 가능성을 외면해서는 안 된다.

쓰레기, 즉 고형 폐기물 형태와 온실가스 배출 형태 모두는 다른 이유에서 유용한 비유이다. 이는 오무아무아가 어떻게 쓰레기가 되어 우주를 떠돌게 되었는가라는 질문에 답을 제시한다. 이 분야의 선구적 물리학자들이 제공한(프랭크 드레이크의 유명한 방정식이 우주의 진보한 문명의 빛 신호를 탐지할 확률을 공식화해 준 것과 같은) 통찰 중 하나는 지금까지 존재했던 대부분의 기술 문명은 이미 죽었을지도 모른다는 것이기 때문이다.

* * *

엔리코 페르미는 20세기 물리학의 거인 중 한 사람이었다. 처음 원자로를 개발했으며 맨해튼 프로젝트와 첫 핵폭탄 생산에도 기여했다. 덕분에 그는 제2차 세계 대전이 끝나고 일본과의 적대 관계를 조속히 종식시킨 공로를 어느 정도 인정받았다.

기념비적인 경력이 끝나갈 무렵 페르미는 동료들과 점심을 먹으면서 단순하고 도발적인 질문을 제기했다. 우주의 광대함을 볼 때 외계 생명체의 가능성은 높아 보이지만 지구 생명체 외에는 어떤 증거도 없다는 역설은 어떻게 설명할 수 있을까? 만약 우주에 생명이 흔하다면 "모두 어디에 있는가?"라고 그는 물었다.

해를 거듭하면서 많은 대답이 나왔다. 그중 특히 시선을 끄는 대답은 오무아무아의 미스터리 풀이와 그것이 우리에게 미치는 영향과 관련이 있다.

1998년에 경제학자 로빈 핸슨Robin Hanson은 《거대 필터-우리는 거의 통과했을까?The Great Filter-Are We Almost Past It》라는 제목의 에세이를 출판했다. 핸슨은 아마도 페르미의 역설에 대한 해답은 우주 전체에 걸쳐 문명의 기술적 진보 자체가 그 문명을 뒤엎을 파괴를 예언하고 있는 것일지도 모르겠다고 주장했다. 문명이 우리의 기술 발전 단계에 도달하는 바로 그 순간, 즉 문명이 우주의 나머지 부분에 자기 존재를 알리고 다른 별들에 우주선을 보내기 시작하는 창이 열리는 순간은 그 기술적 성숙도가 기후 변화나 핵, 생물학전, 화학전 등으로 그 문명 자체가 파괴될 만한 순간이기도 하다.

핸슨의 사고 실험은 인류가 그의 책 제목과 같은 다음 질문을 생각해 볼 만큼 타당성을 지니고 있다. 인류 문명이 자체적 필터에 가까이 가고 있는가?

페르미 자신의 업적이 그 역설에 대한 답이 된다면 보통 아이러니가 아닐 것이다. 페르미의 도움으로 우리는 70년 전에 핵무기를 개발했다. 하지만 핵무기가 아니더라도 우리는 기후를 영구적으로 변화시켜 스스로를 파괴하려는 듯한 움직임을 보인다. 여러 가지 요인이 있지만 특히 대규모 농업과 낙농업에서 항생제를 마구 사용하여 항생제 내성이 높아진 것도 위협이 된다. 지구 생태계에 대한 공업의 공격으로 가속화되고 악화되는 전염병도 마찬가지다.

우리가 조심하지 않는다면 우리 문명의 다음 몇 세기가 그 마지막이 될 것이라고 꽤 확실하게 말할 수 있다. 만약 그렇다면 우리가 라디오와 텔레비전을 통해 우주로 방출하고 있는 전파(이 바깥으로 팽창하는 잡음 거품은 인류가 겨우 1세기 전에 만들어 내기 시작했을 뿐이다)는 그리고 이미 발사한 다섯 개의 성간 탐사선은 여기 지구상의 공룡 뼈와 같은 것이 될 수도 있다. 한때 강력하고 비범했지만 이제는 다른 문명의 고고학자들에게 연구 재료가 될 뿐인 무언가의 증거 말이다.

우리는 거대 필터가 어떻게 작동하는지 알기 위해 멀리 갈 필요가 없다. 우리 자신의 사망률에 대한 작은 필터와 최근 역사의 맥락이 유용한 데이터를 제공한다.

우리 아버지 집안은 7세기 동안 독일에 뿌리를 두고 있었다. 나의 할아버지 알베르트 로브는 제1차 세계 대전에서 용감하게 싸웠고 1916년 베르됭 전투에서 살아남았다. 가장 긴 전쟁(제1차 세계 대전을 관용적으로 일컫는 말. – 옮긴이)의 와중에 베르됭 전투 한번으로 총 사망자가 33만 7,000명이었고 그중 독일 병사만 14만 3,000명이 죽은 것으로 추정된다. 전쟁 전체 기간의 전사자와 부상자 수는 1,500만 명에서 1,900만 명에 달하고 민간인 사상자를 더하면 그 수는 더욱 늘어 약 4,000만 명에 이른다.

할아버지는 그 전쟁 동안 기병대에서 두각을 보여 훈장도 받았지만 10년쯤 뒤에는 별 의미가 없게 되었다. 1933년 할아버지가 살던 발데크의 네츠 지역에서 열린 마을 모임에서 한 나치 당원이 독일의 자원을 유대인들이 고갈시키고 있다고 소리 높여 주장했다. 할아버지는 일어서서 그 나치 당원에게 이렇게 맞섰다. "전쟁 당시 내가 독일 전선에 있을 때 당신은 공산주의자라며 징병을 피해 놓고는 어떻게 감히 그런 말을 합니까?" 나치 당원이 대답했다. "우리 모두 당신의 애국적 공헌에 대해 잘 알고 있습니다, 로브 씨. 저는 다른 유대인에 대해 말씀드린 것입니다." 그러나 독일 그리고 사실상 유럽 대부분에서 악랄한 반유대주의의 물결이 일고 있는 것은 분명했다.

할아버지가 독일을 떠나기로 한 것은 그 마을 모임이 있은 후였다. 그는 훈장을 버리고 1936년 당시 영국 지배하의 팔레스타인으로 이주했는데 오늘날의 이스라엘이다. 친척들은 무슨 일이 일어나는지 지켜본 후에 떠나도 된다고 믿고 독일에 남았다. 그들은 마지막 기차를 타고 독일 밖으로 떠나는 것이 허용될 것이라는 믿음을 잃지 않았다. 불행하게도 그때가 되자 그 기차들은 다른 곳으로 향했고 우리 친척 65명 모두가 홀로코스트에서 사망했다.

나는 알베르트 할아버지의 용기와 성실을 기억하기 위해 아직도 그의 100년 된 회중시계를 간직하고 있다. 시계에 새겨진 머리글자가 내 것과 같다. 그런 면에서도 추억의 물건이다. 우리 가족을 지금 이곳에 이르게 한 일련의 인과관계는 정말로 아슬아슬했다.

* * *

오무아무아의 미스터리는 2017년 1월 아버지가 돌아가신 직후에 시작되었고, 어머니의 건강 악화와 함께 펼쳐졌다. 어머니는 2018년 여름에 암 진단을 받았고 2019년 1월 세상을 떠났다.

아버지 데이비드는 당신이 평생 나무를 심었던 바로 그 붉은 토양 아래 잠들었다. 당신이 항상 물을 주던 농장 부근, 당신의 거친 손으로 지은 내가 자라난 집 가까이, 사랑하고 사랑받던 사람들에게 둘러싸인 채, 천문학자인 내가 연구하는 파란 하늘 아래 잠들었다. 철학자로서 사고하는 길로 이끌어 주었고 자라는 내내 대화를 나누며, 특히 정신적인 삶을 내게 선사해 준 어머니 사라가 2년 뒤에 아버지 곁에 묻혔다.

천문학에서 우리는 시간이 지남에 따라 물질이 새로운

형태를 취한다는 것을 깨닫는다. 우리를 구성하는 물질은 폭발한 거대한 별들의 심장부에서 생성되었다. 그 물질이 모여 만들어진 지구는 우리 몸의 양분이 되는 식물을 낳아서 기른다. 그렇다면 우리는 몇 조각의 물질이 그 많은 행성 중 하나의 표면에서 우주 역사의 짧은 순간 동안만 취하는 형태에 불과하지 않을까? 우리는 하잘것없다. 우주가 광대하기 때문만이 아니라 우리 자신이 매우 작기 때문이기도 하다. 우리들 각자는 잠시 머물다 가는 일시적인 구조이며, 다른 일시적인 구조의 마음에만 기록될 뿐이다. 그리고 그게 다다.

부모님의 죽음은 이와 함께 삶에 대한 다른 기본적 진실에 눈을 뜨게 해 주었다. 우리는 잠시 동안 여기에 있을 뿐이니 결과적으로 자신의 행동을 속이지 않는 것이 좋다. 정직하자. 진실하자. 야망을 갖자. 각자에게 주어진 제한된 시간을 포함한 우리의 한계를 받아들이는 겸손함을 가지자. 그리고 자신의 삶의 한도를 나타내는 작은 필터로부터 문명의 종말을 나타내는 핸슨의 거대 필터까지 이어지는 냉철한 맥락을 받아들이자. 배려와 부지런, 응용 지성의 불충분함으로 인간은 동료 인간들의 삶을 너무도 쉽게 끝낼 수 있다는 것을 증명해 왔다.

우리가 오무아무아로부터 배울 수 있는 교훈 중에서 가장 중요한 것은 전쟁과 환경 파괴라는 작은 필터들이 거대한 필터로 자라도록 내버려 두어서는 안 된다는 것일지도 모른다. 우리는 문명을 보존하는 데 더 큰 배려심과 근면성, 응용 지성을 발휘해야 한다. 그렇게 해야만 우리 자신을 구할 수 있다.

내가 군에서 보병 훈련을 받으면서 배운 말이 있다. "**너의 시체를 철조망 위에 걸쳐 놓으라.**" 때로 특별한 상황에 직면했을 때 군인은 동료가 죽은 자신을 밟고 안전하게 넘을 수 있도록 일부러 철조망 위로 쓰러져야 한다. 나는 내 경험이 그런 군인의 희생과 맞먹는다고 여길 만큼 과대망상적이지 않다. 그러나 거대 필터의 망령을 의식하고 인류 공통의 대의를 발전시키기 위해 희생한 사람들의 그림자를 되새기면 나는 그런 이미지가 고무적이라고 느끼게 된다.

그러므로 나는 확신한다. 오늘날 지구에 묶여 존재하는 문명을 내일 존재할지 모르는 인류의 성간 문명과 연결하는 실낱같은 가능성은 보수적 조심성으로는 지킬 수 없다. 브레슬로프의 랍비 나흐만이 말한 대로 "세상은 아주 좁은 다리이고, 조금도 두려워하지 않는 것이 건너는 요령이다."

* * *

1939년 9월 1일 선견지명이 있었던 할아버지가 나치 독일을 떠나온 지 3년 만에 독일이 폴란드를 침공했고, 지구상 많은 나라들이 전쟁에 휘말렸다. 윈스턴 처칠이 영국의 전시 총리로 취임하는 것은 8개월 뒤의 일이었다. 그 사이 처칠은 자신의 나라와 세계에 아돌프 히틀러와 독일 군국주의의 위협에 관해 가차 없이 경고했다. 처칠은 그가 아끼는 취미 중 하나인 글쓰기도 계속했다. 처칠은 정치 일선에서 물러난 10년간 많을 글을 썼다. 그중에는 말버러 공작의 네 권짜리 전기도 있었고, 신문과 잡지에 기고하기 위한 글들도 있었다. 처칠은 특히 과학이라는 주제에 관심(처칠은 민간 과학 자문위원을 정부 요직에 임명한 최초의 영국 총리다)이 있었는데, 그의 대중 과학 에세이는 진화에서부터 핵융합, 외계인에 이르기까지 모두 다루고 있다.

1939년 처칠은 자신을 둘러싼 세계가 무너지고 있을 때 "우리는 우주에서 외톨이일까?"라는 제목의 에세이를 썼다. 처칠은 이 에세이를 어디에도 싣지 않았다. 그를 정치적 영향력의 정점에 이르게 하는 사건들과 엮이면서 이 에세이는 뒤로 밀려나 수십 년 동안 묻혀 있었다. 전쟁에서 승리하고 다시 영국의 정치 일선에서 벗어난 처칠은 그 에세이를 수정했다. 1950년대 그는 "우주에 우리만 있을까?"라는 더 정확한 제목을 붙였다. 하지만 이 에세이는 처칠이 사망할 때까지 여전히 발표되지 않은 채로 남아 있었다. 그렇게 알려지지도 언급되지도 않은 채 미국 국립 처칠 박물관의 기록 보관소에 있다가 2016년에 발견되었다.

처칠의 이 특이한 에세이가 발표되지 않은 것은 안타까운 일이다. 이 에세이는 시대를 앞선 생각들과 함께 당시 절실히 필요했고 지금도 필요한 관점을 담고 있기 때문이다. 처칠은 비전문가다운 겸손과 함께 태양과 우리의 행성계가 얼마나 독특한지 궁금해하며 "나는 우리 태양만이 행성 가족을 가진 유일한 존재라고 생각할 만큼 자만심이 넘치지는 않는다"[21]라고 썼다. 그는 치밀하기도 했다. 외계 행성이 발견되기 수십 년 전 처칠은 "모항성인 태양으로부터 적절한 거리에 있어서 적정한 온도를 유지하는" 많은 행성이 물과 대기를 가지고 있어 생명을 지탱할 수 있다고 믿는 것이 타당하다고 결론 내렸다. 실제로 처칠은 넓은 우주와 그 안에 있는 태양의 수를 고려할 때, "생명체의 존재가 가능한 환경을 가진 행성은 막대한 수가 있을 것이기 때문에 확률은 엄청나다"라고 썼다. 그리고 성간 여행에는 회의적이었지만 "머지않은 미래에 달이나 심지어 금성이나 화성까지 여행이 가능할지도 모른다"라고 할 만큼 태양계 여행에는 수용적이었다.

처칠의 에세이에서 우울한 부분은 우주에 있는 외계 생명체의 가능성이나 다른 행성에 도달하는 인간의 능력에 대한 것이 아니라 인간 그 자체에 대한 부분이다. 처칠은 "나 자신은 우리가 여기서 문명을 성공시키고 있는 데 그리 큰 감명을 받지는 않는다"며 "나는 우리가 이 거대한 우주에서 살아 있고 생각하는 생명체가 있는 유일한 지점에 있거나, 아니면 광대한 시공간의 나침반에서 나타난 것 중 정신적, 육체적 발달이 가장 높은 유형이라고 생각할 준비가 되어 있다"라고 썼다.

몇 년 전 처칠의 에세이에 대해 처음 듣고 사고 실험에 빠질 수밖에 없었다. 처칠이 그 에세이를 쓴 직후에 발발한 전쟁은 1조 3,000억 달러(오늘날 물가로는 18조 달러)의 비용이 들었을 것으로 추산되었다. 전쟁으로 인한 사망자 수를 정확하게 추정할 확실한 기록이 없고, 전쟁 중 사망에 이르게 된 원인을 규명하는 데 있어 학자들 간의 논쟁도 있지만 그 범위는 4,000만에서 1억 명에 이른다.

만약 1940년대에 인류가 4,000만에서 1억 명의 기술, 전문 지식, 육체, 정신은 말할 것도 없이 그 1조 3,000억 달러를 우주 탐사에 썼다면 어떨까? 그 시대의 천재 집단이 파괴를 지향하는 대신, 핵무기 개발에 전력을 기울이는 대신 지구상의 생명체를 태양계 곳곳과 그 너머의 먼 곳까지 보내는 데 쓰였으면 어땠을까? 인간 문명이 겸손과 과학적 방법을 적용해 우리의 존재가 우주의 다른 문명의 존재 가능성을 시사한다고 결론지었다면 어땠을까? 인류가 1939년 이후

10년 동안 지구상 생명체의 광대한 멸종보다는 우주 탐험과 외계 생명체의 발견을 지향했다면 어땠을까?

다중 우주가 있고 그에 따른 인류 문명이 존재한다면 나는 그 문명이 최소한 오무아무아의 사진을 찍는 데 성공했을 거라고 예상한다. 어쩌면 오무아무아를 포착하여 정밀 조사를 했을 수도 있다. 아마도 그 인류는 자신들이 발견한 것에 놀라지도 않았을 것이다. 그런 문명의 지구에서는 브레이크스루 이니셔티브가 수십 년 더 일찍 시작되었을 것이고, 그 결과 그들은 이미 레이저로 움직이는 빛의 돛배들이 프록시마 센타우리 근처를 항해하면서 포착한 정보를 받았을 것이기 때문이다. 그들은 분명 우리 태양이 필연적인 죽음을 맞이한 뒤에도 생명을 지속하기 위한 해결책을 고민하고 있을 것이다. 나는 또한 그들의 해변에는 쓰레기가 덜 널려 있을 것이라고 짐작한다.

나는 그 지구와 이 지구 사이에는 적어도 한 가지 유사점이 있다고 확신한다. 그들의 역사가들이 1940년대에 이 모든 움직임을 만든 핵심 세대를 가장 위대한 세대라고 언급할 것이라는 점이다.

안타깝게도 우리는 **이** 지구에 살고 있어서 우리 인류 문명의 보존을 위해 함께 노력해야 한다. 내 생각에 다중 우주 이론가들이 우리에게 주는 모든 사고 실험 중에서 가장 생산적인 것은, 우리가 우리 바로 앞에 있는 우주의 거주자라면 무엇을 할 것인가이다.

글을 쓰면서 나는 우리 집 거실 창문에서 보이는 나무를 생각한다. 우리는 손상된 가지를 묶어서 고치고 키울 문명인가? 아니면 그것을 무시하거나 잘라 버리고 영원히 그 가지의 가능성을 끝내는 문명인가?

우리는 어떤 선택을 하든 우리 자손들의 목숨을 걸고 내기를 하는 것이다. 오무아무아의 이색적인 특징에 직면했을 때 자연에서 발생했다는 가설만 고집해서 통계적인 희박함을 감수한다면, 즉 셜록 홈즈가 말한 것처럼 수집된 데이터에 대한 가장 간단한 설명으로 만족할 수 없다면 우리는 단순히 문명의 다음 도약을 지연시키는 것보다 더 해로운 일을 하고 있는지도 모른다. 우리는 많은 문명처럼 심연 속으로 걸어 들어갈지도 모른다. 어쩌면 우주에 부표를 띄운다는 정도의 명함을 내밀 만큼 발전하지도 못한 채 스러지는 문명이 될 수도 있다.

10장 우주 고고학

✳

만약 우리가 문명이라는 우주의 길고 긴 역사에 걸쳐, 어쩌면 잇달아서 깜빡 나타났다 사라지는 존재라고 결론짓는다면 그것은 우리 문명에 대한 엄중한 경고가 될 것이다.

기회가 되기도 할 것이다. 과학자이자 한 종種으로서 우리는 스스로의 탐정 일을 죽은 문명의 유물을 찾는 데 맞출 수도 있었다. 그러한 증거를 간접적으로 발견하는 일조차 우리에게 중요한 교훈을 줄 수 있다. 즉 비슷한 운명을 피하려면 우리가 협력해야 한다는 것이다.

이미 언급했듯이 이것은 우리가 완강히 읽기를 거부하는 오무아무아가 보낸 심오한 병 속 메시지일 수도 있다. 이 문제를 제대로 다루기 위해서는 천문학을 단순히 우주에 있는 것들에 관한 연구로 생각하기를 그만두고, 학제 간 조사 연구 사업으로 취급하기 시작해야 한다.

우리에게는 내가 **우주 고고학**이라고 부르는 천문학의 새로운 분야가 절실하다. 예를 들어 마야 사회를 연구하기 위해 땅을 파헤치는 고고학자들과 비슷하게 천문학자들은 우주를 파헤쳐 기술 문명을 찾기 시작해야 한다.

우주 고고학자들이 무엇을 발견할지 상상하는 것은 매혹적이지만, 이 연구를 진지하게 받아들여야 할 가장 설득력 있는 이유는 다른 데 있다. 우주 고고학이 우리를 과학적이고 문화적인 새로운 방향으로 이끄는 통찰을 지탱할 수 있을 뿐만 아니라, 어쩌면 우리 문명을 거대 필터를 통과하는 몇 안 되는 문명 중 하나로 만들 수도 있을 것이기 때문이다.

* * *

드레이크 방정식의 가장 큰 한계 중 하나는 외계 지성체에 대한 논의를 정착시키기 위해 고안된 공식인데도 다른 문명들이 다양하게 남길 수 있는 탐지 가능한 흔적 중 하나일 뿐인 통신 신호에만 근시안적으로 초점을 맞췄다는 데 있다는 것을 기억하자. 프랭크 드레이크는 방정식의 첫 번째 변수인 N을 우리 은하 안에서 성간 통신에 필요한 기술을 가진 종의 수로 정의했다. 그는 방정식의 마지막 변수 L을 그러한 종들이 탐지 가능한 신호를 생성할 수 있는 시간으로 정의했다. 간단히 말해서 드레이크 방정식은 의사소통을 위한 의도적 노력만이 외계 문명을 탐지하기 위해 찾을 수 있는 유일한 대상이라는 가정에 맞춰져 있다.

하지만 외계 문명이 무의식적으로 존재를 알리게 되는 많은 방법이 있고, 우리가 새로운 기술을 발견함에 따라 이런 증거를 찾을 수 있는 새로운 방법의 수도 증가하고 있다. 검색 범위를 어떻게 재정의해야 할까? 달리 말하면, 무엇을 찾아야 할까? 그리고 어디를 들여다봐야 할까?

이 질문 중 첫 번째는 비교적 대답하기 쉽다고 생각한다. 우리는 모든 종류의 생명체를 생명 지표로 식별할 수 있다. 바닷말이 퍼져나면 이 생명체가 만든 오염된 공기가 그 서식지에 남는다. 그래서 기술적으로 진보한 외계 생명체의 흔적을 찾는 것 외에도 미생물과 같은 덜 발달한 외계 생명체의 증거도 찾을 수 있다. 살아 있든 오래전에 죽었든 말이다.

따라서 첫 번째 질문은 다음과 같은 세부 질문들로 이어진다. 우리는 어떤 종류의 생명을 찾아야 하는가, 진보한 생명체인가 아니면 원시 생명체인가? 내가 박사 후 연구원 마나스비 링검Manasvi Lingam과 함께 쓴 논문에서 우리는 최첨단 망원경(당시 허블 우주 망원경의 뒤를 이어 제임스 웹 우주 망원경이 포함되었다)을 사용하여 원시 생명체 대비 외계 지성체를 발견할 가능성을 추정했다. 본질적으로 이는 우주 고고학자들이 생명 지표 검색에서 어떤 분야에 노력을 기울여야 하는지 그리고 기술 지표 탐색은 어떤 분야가 해야 하는지 확정하기 위한 시도였다. 그 시도는 위에서 제기한 '무엇을 찾아야 할까?'에 답하기 위해 내 생각을 구체화하는 데 도움이 되었다.

이 프로젝트에서 우리는 매우 불확실한 많은 변수를 검토해야 했는데, 그중에는 아주 정확한 추정치를 요구하는 변수도 여럿 있었다. 예를 들어 우리는 미생물과 같은 생명체보다 지성체가 얼마나 더 희귀한지, 생명 지표 대비 기술 지표가 얼마나 멀리 떨어져 있어도 탐지할 수 있는지, 두 가지 유형의 지표가 얼마나 오래 발견될 수 있는지 알아내야 했다. 우리가 선택한 변수들은 또한 거대 필터에 대한 우리의 우려를 반영했다. 그래도 우리가 찾고 있는 외계인 기술 지성체 종류가 얼마나 오래 살아남을지는 낙관적으로 추측해서 1,000년으로 정했다.

낙관론은 과학 연구의 전제 조건이라는 것을 잘 알고 있었다. 실제 이 프로젝트에는 낙관론이 계산에 포함되기도 했다. 여러 면에서 비관적일수록 지성체를 찾을 가능성은 낮아진다. 방금 설명한 시나리오에서 지성체가 발견될 수 있는 기간과 함께 그와 관련된 또 다른 변수, 즉 그것을 찾을 우리의 지능이 존속하는 기간도 추측할 필요가 있다는 것도 생각해 보라.

그렇긴 하지만 원시 생명체나 미생물 같은 생명체를 발견하는 것은 외계 지성체를 발견하는 것과 같지 않음을 인정해야 한다. 어느 쪽이 되었든 근본적으로 인간에 대한 관점을 바꾸겠지만 기술적 지능의 증거가 더 큰 영향을 줄 것이다. 다른 문명, 그것도 우리보다 더 진보한 지적 문명이 존재하거나 우리보다 앞서 존재했다는 사실을 알게 되면 우리는 우주와 우리의 업적에 더 겸손한 태도를 취하게 될 것이다.

결국 우리는 지성체를 탐지할 가능성이 원시 생명체를 탐지할 가능성보다 약 두 자릿수가 더 작다는 결론을 내렸다. 그러나 우리는 더 풍부할 것으로 예상되는 원시 생명체 탐색에 훨씬 더 많은 자금 지원만 보장된다면 두 연구가 동시에 진행되어야 한다고 결론 내리기도 했다. 게다가 지성체의 존재는 미생물을 발견할 전망을 크게 높이기도 할 것이다.

그러면 우리는 무엇을 찾아야 할까? 한마디로 **생명**이다. 우리는 그저 한 종류를 다른 종류보다 먼저 찾을 준비를 해야 하는 것뿐이다.

그렇다면 어디에서 찾아야 할까? 이 질문에 대답하는 일은 더 까다롭고 복잡하지만 궁극적인 답은 좀 더 편하고 익숙할 것이다. 우리는 지구 생물의 발생에서부터 시작할 필요가 있기 때문이다. 바로 우리 행성의 생명 기원 말이다.

* * *

생명 기원에 대한 연구 분야는 초기 단계에 있다. 우리는 지구의 생물 발생이라는 측면에 대해 많이 알고 있지만 그 지식은 무지라는 광대한 바다에 떠 있는 섬에 불과하다. 그러나 그것이 향하고 있는 방향에는 조심스러우나마 낙관할 만한 이유가 있다.

이 글을 쓰는 동안 우리는 생명을 구성하는 벽돌인 세포들이 맨 처음에 어떻게 복제와 대사 기능을 얻었는지에 대한 이해에 훨씬 더 가까워졌다. 그리고 우리는 단백질, 탄수화물과 같은 생체 분자의 전구체가 어떻게 공통 시작점에서부터 합성되고 조립되었는지를 설명하는 것에도 훨씬 더 가까워졌다. 외계 생명체는 지구상의 생명을 발생시킨 것과 같은 구성 요소에 의존하지 않을지도 모르지만 그래도 이곳에서 생물이 어떻게 생겨났는지에 대한 이해에 근접하면서 다른 곳에서 생물의 발생 빈도에 대해서도 생각하기 더 나은 여건이 되고 있다.

외계 생명체를 찾기 위한 가장 중요한 질문은 생명체가 대체로 상당히 가능성이 높은 결정론적 과정인지 아니면 일어나기 힘든 사건의 무작위적 결과인지에 대한 것이다. 다시 말해서 기본적인 조건들이 같으면 항상 생명이 태어날까? 아니면 지구상에 생물이 출현한 것이 다시는 일어 날 수 없는 별난 일이었을까?

수많은 분야에서 이 질문들에 대한 연구가 전면적으로 진전되고 있다. 늘 그렇듯이 하나의 단순한 관찰이 크게 부각된다. 우리가 가지고 있는 단 하나의 실질적인 데이터 출처, 즉 지구의 다산성은 놀라울 정도다. 지구상에 생명체가 출현할 수 있게 해 준 요소 중 특히 중요한 것은 우리 행성이 태양으로부터 떨어진 거리인데, 적절한 거리가 아니었다면 몇 안 되는 미생물이 해저 열수구熱水口 주변에 옹기종기 모여 있는 결과를 낳았을 것이다. 그 요소들은 매우 복잡한 생명의 코르누코피아(그리스 신화에 나오는 풍요의 뿔로 풍요, 부유를 상징한다. – 옮긴이)를 만들어 냈기에 오늘날 동식물의 다양성은 그 이전인 파충류 시대의 전체 합산을 웃돈다. 이렇게 바글거리는 생명이 드넓은 우주 전체에서 푸른 대리석 구슬 하나에만 제한되어 있을 것이라고 믿는 것은 자만심의 극치처럼 보인다.

지구상의 거의 모든 생명체는 태양에 의존한다. 우리 문명의 여명기부터 가장 최근 당신이 비치 타월 위에서 시간을 보냈던 때까지 인류가 태양을 숭배해 온 데는 그럴 만한 이유가 있다. 우리는 말 그대로 별의 일부이다. 우리를 만든 물질은 폭발하는 별의 심장부에서 생성되고 나서 지구와 같은 행성을 형성했으며, 그 행성은 당신과 나를 포함한 모든 지구 생명체의 재료가 되었다. 그리고 태양의 따뜻함과 빛이 없다면 식물도, 풍부한 산소도, 우리가 알고 있는 생명도 없을 것이다.

지구상의 복잡한 다세포 생물 대다수는 태양의 존재에 직간접적으로 의존하고 있다고 해도 과언이 아니다. 하지만 이 사실이 외계 생명체를 찾는 일에 무슨 도움이 될까? 태양이 자의식이 있는 지성체를 지탱한다는 이미 알고 있는 확신을 어떻게 다른 곳에서 생명체를 찾는 데 정보로 쓸 수 있을까?

우리 태양이 변칙적인지 아닌지를 아는 것은 그 태양이 지탱하는 삶이 얼마나 변칙적인지(혹은 그렇지 않은지)에 대해 많은 것을 말해 줄 것이다. 태양이 모든 면에서 전형적인 모항성이고 그 주변에 자의식이 있는 생명체의 존재가 유일한 정도는 아니더라도 예외적일 정도로 드물다면, 우리의 존재는 우연의 결과이고 실제로 흔치 않을 가능성이 크다. 하지만 만약 태양이 특정한 면에서 이례적이라면, 아마도 그 이례적 특징들이 생명에 필요한 것일 수 있다. 그렇다면 우리의 존재는 덜 무작위적이고 덜 독특하게 될 것이다. 이는 결

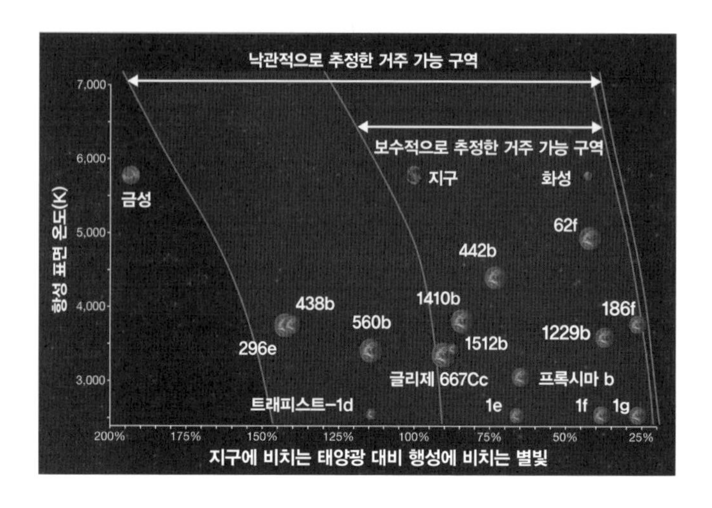

다양한 표면 온도(세로축)를 가진 항성 주위의 거주 가능 구역 경계. 프록시마 b 같은 가장 흔한 왜성부터 에타 카리나이 같은 거성까지 이른다. 가로축은 그 행성의 표면에 비치는 빛의 양을 지구에 비치는 태양광과 비교해 보여 준다. 알려진 여러 행성들이 표에 표시되어 있다. 태양계 밖에서 가장 가까운 거주 가능 행성인 프록시마 b가 오른쪽 아래에 보인다. Mapping Specialists, Ltd.

국 우리가 외계 생명체를 찾는 일을 덜 무작위하게 만들 것인데, 우리 자신의 별과 비슷한 별들을 조사할 만한 이유가 생기기 때문이다.

실제로 태양-지구 성계는 한 가지 분명한 측면에서 변칙적이다. 태양의 질량은 지구의 33만 배이고 알려진 모든 별의 95%보다 더 무겁다. 이것이 통계적으로 평균적인 별 주위를 도는 행성에서 생명체를 찾는 것에 관한 관심을 배제하지는 않지만, 시간과 돈이라는 제한된 자원을 고려하면 우리를 지탱해 주는 지구와 비슷하게 특히 육중한 별들을 찾아보도록 장려하는 셈이다.

* * *

태양의 특징은 적어도 처음에는 지구와 비슷한 별들에서 외계 생명체를 찾도록 우리를 부추긴다. 지구의 특징 또한 우리의 연구를 이끌어 주는데, 특히 어떤 행성을 먼저 연구해야 하는지 안내한다.

우리가 알고 있는 한 유일하게 농밀하고 복잡한 생태계를 지탱하고 있는 행성인 지구에서 관찰할 수 있는 데이터로 다른 행성에서 찾아야 할 특징들의 짧은 목록을 작성할 수 있다. 그런데 지구의 거주 가능성에 필수적인 모든 변수 중에서도 가장 중요한 것은 액체 상태의 물의 존재이다.

흔히 범우주적 용매라고 불리는 액체 상태의 물은 세포로 에너지를 운반하거나 세포에서 폐기물을 빼내는 데 이상적으로 적합하다. 물 없이 존재할 수 있는 지구상의 생명체는 발견되지 않았다. 물은 생명체에 너무 중요하다. 그래서 천문학자들은 항성계 중심에서 행성의 궤도 거리로 측정되는 각 별 주위의 거주할 수 있는 영역을 정의하는 데 물을 이용한다. 물이 얼지도 증발하지도 않는 구역인 골디락스 거리에 있는 행성들을 식별하는 것은 외계 문명을 찾는 우주 고고학자의 출발점이다.

그런데 우리는 우주의 살펴볼 만한 장소들에 당혹감을 느끼고 있다. 지난 20년 동안 우주에 수많은 외계 행성(태양계 밖에 있는 모든 행성을 지칭하는 기술적 용어)이 있다는 것을 알게 되었다. 이 일련의 발견은 1995년 천문학자 미셸 마요르와 디디에 쿠엘로가 최초로 외계 행성 51 페가시 b(태양형 항성 둘레를 가까이서 도는 목성형 행성)에 대한 명확한 관측 증거를 발견하며 시작되었다. 이 발견은 외계 행성이 공전하면서 생기는 별의 시선 운동에 기반한 것이었다. 그들의 선구적인 업적은 외계 행성을 사냥하는 새로운 시대를 열었고 2019년 그들에게 노벨상을 안겨 주었다.

이 연구의 기본 윤곽은 사실 새로운 것이 아니었다. 일찍이 40년 전 천문학자 오토 슈트루베가 외계 행성들을 찾으려면 좁은 궤도에서 모항성 주위를 가로지르고 공전 주기가 지구 시간으로 며칠에 불과한 큰 가스 행성들을 목표로 삼는 것이 좋겠다고 제안한 방법이었다. 1952년 논문에서 슈트루베는 일부 연성(단일 항성계의 중심에 있는 한 쌍의 별)이 비슷한 식으로 그들의 공통 질량 중심을 휙휙 돈다는 증거에 의해 그러한 행성의 존재를 제안한다고 주장했다. 그리고 이 큰 외계 행성들은 그들이 모항성을 중력으로 강력하게 끌거나 별의 앞면을 가로지르며 통과하는 동안 빛을 차단함으로써 상대적으로 쉽게 감지된다.

그러나 슈트루베의 논문은 가까운 목성형 행성을 찾아보자는 그의 제안과 함께 무시되었다. 주요 망원경 시간 배분 위원회에 참석한 학자들은 목성이 태양에서 멀리 떨어져 있는 이유는 잘 알려져 있고, 주성에 훨씬 더 가까운 외계 목성들을 찾는 데 망원경의 관측 시간을 낭비할 이유가 없다고 주장했다. 그들의 편견은 과학 발전을 수십 년 늦추었다.

일단 외계 행성이 주류 중 하나로 정당화되자 발견은 빠르게 속도를 내기 시작했다. 51 페가시 b가 발견된 지 10년이 안 되어 수백 개의 다른 외계 행성들이 확인되었다. 그리고 2009년 명백히 외계 행성을 식별하기 위한 목적으로 만들어진 나사의 케플러 우주 망원경이 발사되면서, 이 글을 쓰는 지금 그 수는 4,284개로 급증했고, 또다른 수천 개의 후보들이 확인을 기다리고 있다. 게다가 우리는 이제 모든 별의 약 4분의 1이 지구 정도의 크기와 표면 온도를 가진 행성들이나 표면에 액체 상태의 물과 생화학적 요소가 있는 행성들을 거느리고 있다는 것을 알게 되었다.

우리가 관측기구를 겨냥할 외계 행성이 많다는 것은 유월절의 흔한 유대인 전통을 생각나게 한다. 아피코만이라고 불리는 무교병無酵餠 조각 숨기기다. 가정에서 아이들은 아피코만을 찾아야 하고, 누구든 찾은 사람은 보상을 받는다.

내가 어렸을 때 배운 것은 그리고 지금 초기 우주 고고학계의 어른으로서 염두에 두고 있는 것은 '어디를 찾아봐야 하는가?'라는 질문이 '우리가 정확히 무엇을 찾고 있는가?'라는 질문보다 우선한다는 점이다. 그리고 누나들과 나는 과거에 아피코만이 숨겨져 있던 곳을 가장 먼저 찾아봐야 한다는 것을 빠르게 깨달았다.

오늘날 이와 동일한 전략이 외계 생명체 탐색을 인도하고 있다. 대부분의 망원경과 관측기구들은 우리가 유일하게 알고 있는 생명체가 존재하는 곳인 지구와 일치하는 특징, 특히 가장 중요한 액체 상태의 물을 가진 암석 행성에서 생명체의 증거를 찾고 있다.

하지만 이것이 우리가 할 수 있는 전부일까? 외계 항성들의 궤도로 제한한다 해도 우리가 찾아볼 만한 다른 곳이 있지 않을까?

* * *

지구와 비슷하게 보이는 외계 행성들만이 우리가 생명을 찾을 수 있는 유일한 장소는 아니다. 내가 박사 후 연구원인 마나스비 링검과 함께 수행한 추가적 연구는 생명의 화학반응을 찾을 만한 또 다른 매우 유망한 장소를 제시한다. 이른바 갈색 왜성의 대기다.

갈색 왜성은 태양 질량의 7%도 안 되는 작은 크기다. 그리고 다른 별들을 밝게 (그리고 뜨겁게) 태우는 핵반응을 지속시킬 충분한 질량을 가지고 있지 않으므로 행성 수준의 온도까지 식을 수 있다. 그 결과 갈색 왜성을 돌고 있는 구름 속 작고 단단한 입자의 표면에 액체 상태의 물이 존재하게 될 수 있다.

갈색 왜성에서 멈출 필요는 없다. 녹색 왜성을 검사하는 것도 고려해야 한다. 이 왜성은 반사광에 광합성을 하는 식물의 꼬리표인 '붉은 가장자리'를 보여 준다. 우리의 계산에 의하면 태양과 유사한 별 주위를 도는 녹색 왜성들이 우주생물학적 아피코만을 찾는 데 가장 적합해 보인다.

녹색 왜성과 갈색 왜성 그리고 항성계의 거주 가능 구역에 있는 외계 행성들, 이 선택지들로 우주 고고학자들의 가능성이 국한되는 것은 결코 아니다. 특히 우리보다 훨씬 더 기술적으로 진보한 문명을 상정하면 말이다. 하지만 외계 생명체를 찾는 현 단계, 즉 이론, 관측 도구, 탐사 노력이 비교적 초기 단계에 있을 때는 이것들이 우리에게 가용한 최고의 목표이다. 우리 태양계 밖에서는 그렇다.

* * *

성간 우주에서 생명체를 찾는 것을 고려하더라도 아직 우리 태양계 안에서의 가능성도 다 소진하지 않았다는 것 또한 인정해야 한다. 우주 고고학자들은 우리 행성계 뒷마당에서도 외계 생명체가 존재한다는 증거를 찾아야 한다.

우리는 태양계를 떠다니는 기술 장비를 찾는 일부터 시작할 수 있다. 오무아무아를 발견한 것과 마찬가지로 다른 별에서 온 인공 물체를 발견하면 결정적인 증거를 얻을 수 있을 것이다. 우리 자신이 기술 혁명 첫 세기에 보이저 1호와 2호를 태양계 밖으로 내보냈다. 진보한 문명이 그런 물체를 얼마나 더 많이 쏘아 올렸을지 누가 알겠는가?

지나가는 외계 기술을 탐지하는 가장 간단한 방법은 가

장 가깝고, 가장 크고, 가장 밝은 가로등 아래를 탐색하는 것이다. 바로 태양이다. 오무아무아의 사례처럼 태양광은 우리에게 사물의 모양과 움직임에 관한 귀중한 정보를 제공하고 사물도 더 잘 보이게 한다. 우리는 이 연구에서 얻을 수 있는 도움은 모두 이용해야 한다. 현재로서는 오무아무아 같은 물체를 찾는 우리의 도구가 상대적으로 원시적이기 때문이다.

이 책의 첫머리에 설명했듯이 오무아무아를 발견한 망원경들은 모두 어쩌다 그렇게 된 것이다. 그 망원경들은 모두 다른 목표들을 성취하기 위해 설계, 제작, 배치되었다. 최초의 우주 고고학자들은 적어도 세계가 그들의 목적을 위해서만 만들어진 도구들을 제공할 때까지 현존하는 천문학적 도구들을 전용해야 할 것이다.

그때까지는 아마도 우리가 태양계에서 외계 기술을 찾는 가장 쉽고 실제로 손에 쥘 가능성이 가장 높은 방법은 외계 기술이 지구와 충돌할 때 탐지할 수단을 고안하는 것이다. 만약 물체가 몇 미터보다 크면 그리고 우리가 탐지해서 추적할 수만 있다면 자투리 운석이 남아 외계 기술에 대한 최초의 가시적인 증거를 얻을 수 있을 것이다.

달과 화성의 표면에서도 외계인의 기술 파편을 찾을 수 있다. 우리가 (대기와 지질학적 활동이 없는) 달을 박물관이나 우편함, 쓰레기통 등 그 무엇에 비유하든 간에 한 가지 확실히 말할 수 있는 것은 달이 지난 수십억 년 동안 표면에 충돌한 모든 물체의 기록을 보관한다는 사실이다. 그러나 확인해 보지 않으면 거기에 동상, 편지, 쓰레기 같은 것이 있는지 없는지 알 수 없을 것이다.

탐색을 행성 표면으로 국한할 필요도 없다. 일례로 목성은 그 근처를 지나가는 성간 천체를 붙잡는 중력 어망 역할을 할 수 있다. 과학자들은 저 밖에 존재하는 것에 맹목적 태도를 보이므로 소행성이나 혜성같이 자연적인 암석이나 얼음 같은 물체만 어망에 걸릴 것으로 추측하고 있다. 물론 의심할 여지없이 우리가 마주하게 될 물체는 대부분 그런 것이다. 하지만 그것이 전부가 아닐 수도 있다.

그러한 발견이 주는 풍부한 보상을 고려하면 우리는 노력해야 한다. 그렇다. 부차적 조사보다 훨씬 더 비싸고 확실성이 떨어지겠지만, 그러한 사업은 우리 가족이 해변을 따라 조개껍데기를 살피는 것과 같은 맥락일 것이다. 아마도 내일의 우주 고고학자들은 외계 문명의 플라스틱병에 맞먹는 무언가를 발견할 것이다.

* * *

우리가 미래 고고학자들에게 더 많은 도구를 제공할수

록 그들은 더 멀리 연구를 확장할 수 있다. 내가 에드 터너와 함께 우리 태양계 외곽에서 일한다고 가정하면, 멀리 떨어진 도시들(어쩌면 거대한 우주선)에서 오는 인공적인 빛을 찾아볼 수 있다. 우리에게서 멀어질 때 어두워지는 방식을 이용해 태양광을 반사하는 물체와 인공적인 광원을 구별할 수 있다. 전구처럼 스스로 빛을 내는 광원은 거리의 제곱에 반비례해 희미해지는 반면, 태양광을 반사하는 멀리 있는 물체는 거리의 네 제곱에 반비례해 희미해진다.

우주 고고학자들이 사용하면 큰 효과를 낼 수 있는 도구 중 하나가 베라 C. 루빈 천문대에 있는 첨단 기기다. 이 광각 반사 망원경은 2022년 하늘에 대한 조사를 시작할 예정이다. 우리 은하의 지도를 그리고 약한 중력 렌즈를 측정함으로써 암흑 에너지와 암흑 물질에 대한 잠재적인 통찰력을 제공하고 인류가 작성한 태양계 물체 목록을 10배에서 100배까지 증가시킬 것으로 기대한다. 베라 C. 루빈 천문대는 오무아무아를 발견한 판스타스를 포함한 다른 어떤 관측 망원경보다도 훨씬 더 민감하다.

태양계 너머를 그 어느 때보다도 멀리 내다볼 수 있는 새로운 능력으로 우리는 인공적인 빛이나 행성 표면에서의 열 재분배를 찾을 수 있을 것이다. 드레이크 방정식의 제약에서 벗어나 단순한 통신 신호를 넘어서는 기술 신호를 찾을 수 있을 것이다. 이것이 어떻게 작용하는지 보기 위해 이미 우리 시야에 있는 외계 행성을 고려해 보자.

조석 고정된 행성 프록시마 b는 우리 태양에서 가장 가까운 별인 프록시마 센타우리의 거주 가능 구역을 돌고 있다. 나와 동료들이 스타샷을 진행했을 때, 프록시마 b는 빛의 돛이 목표로 하는 외계 행성이었다. 지구 크기임에도 암석형 행성 프록시마 b는 모항성을 항상 같은 면으로 마주 보고 있다. 내 어린 딸이 조석 고정된 행성에서는 두 채의 집을 갖는 게 좋겠다고 이야기한 것을 기억할지 모르겠다. 한 채는 항상 덥고 밝은 영구적인 낮에 그리고 다른 한 채는 항상 춥고 어두운 영구적인 밤에 말이다.

그러나 진보한 문명은 기술적으로 더 정교한 해결책을 찾을지도 모른다. 내가 마나스비 링검과 함께 논문에서 주장했듯이 이 행성의 거주자들은 낮 쪽 표면을 태양 전지로 덮을 수 있다. 그러면 이 전지로 밤 쪽에 불을 밝히고 난방을 하기에 충분할 것이다. 만약 이러한 행성에 우리의 도구를 집중시킨다면 행성이 별 주위를 돌 때 표면에서 나오는 빛의 밝기가 변하는 수준은 우리에게 이런 종류의 전 지구적 공학 프로젝트가 일어났는지를 알려 줄 수 있을 것이고, 낮 쪽의 태양 전지 역시 독특한 반사율과 색을 만들어 낼 수 있을 것이다. 두 가지 현상 중 하나를 찾기 위한 연구는 행성이 모항성의 주위를 도는 동안 빛과 색깔만 관측해도 알 수 있다.

이것은 우주 고고학자들이 도구를 조율해서 탐색할 수 있는 명백한 신호의 한 예일 뿐이다. 지구가 암시하는 바와 같이 먼 대기에서 산업 오염의 증거도 찾을 수 있을 것이다(실제로 오무아무아가 태양계에 나타나기 몇 년 전 나는 대학생 헨리 린Henry Lin과 대기 전문가 곤잘로 곤잘레스Gonzalo Gonzales와 함께 외계 행성의 대기에서 진보한 문명의 신호인 산업 오염을 찾아내는 것에 대한 논문을 썼다). 그리고 오염원으로 뒤덮인 대기 오염은 한 문명이 필터를 통과하지 못했다는 신호일 수도 있지만, 너무 추웠던 행성을 의도적으로 따뜻하게 하거나 너무 더웠던 행성을 식히려고 한 한 문명의 노력을 보여 주는 신호일 수도 있다. 연구 대상으로부터 광년 단위로 떨어진 곳에서 행해지는 우주 고고학적 발굴에는 염화플루오린화탄소와 같은 인공 분자에 대한 조사도 포함할 수 있다. 문명이 끝장나고 의도적인 신호 발송을 멈춘 지 한참 후에도 산업 문명의 일부 분자와 표면 효과는 여전히 살아남을 것이다.

물론 우주 고고학의 모래 상자는 우주 끝까지 뻗어 있다. 연구를 행성에 국한시킬 이유가 없다. 이를 이해하면 일부 과학자들은 먼 거리에서 하늘을 휩쓸고 있는 광선 속에서 섬광을 찾는 데 그들의 노력을 바칠 수도 있을 것이다. 그러한 광선은 문명의 의사소통이나 추진 수단을 뜻할 수 있다.

인류가 스타샷을 위해 고안한 방법을 사용하여 빛의 돛 우주선을 우주로 보내는 데 필요한 조치를 한다면 이러한 기술은 돛의 가장자리에서 불가피하게 빛이 새어 나가게 해 다른 이들이 밝은 섬광을 볼 수밖에 없을 것이다.

게다가 먼 별에서 오는 빛의 상당 부분을 차단하는 위성군이나 거대 구조물을 찾을 수도 있을 것이다. 이러한 가상 시스템은 다이슨 구Dyson sphere라고 불리는데, 이를 처음 구상한 위대한 천체 물리학자 프리먼 다이슨의 이름을 딴 것이다. 다이슨 구와 같은 거대 구조물은 중대한 공학적 도전에 직면하게 될 것이므로 존재한다 해도 희귀할 것이다. 그러나 거대 구조물은 거대 필터를 통과하기 위한 기술적 해결책을 제시하기도 해서 선견지명과 적절한 수단, 기회가 있다면 자신들의 소멸에 직면한 문명은 그 도전을 극복하기 위해 나설 수도 있을 것이다. 거대 구조물들이 존재하는지 알아내려면 그것에 대한 증거부터 찾기 시작해야 한다.

거대 구조물에 대한 생각은 우주 고고학자들이 자신들보다 더 위대한 지능의 존재를 전제로 해야 한다는 것을 감안할 때 극복해야 할 재귀적인 물음을 제기한다. 인류를 압도하는 사실상 불가능한 다이슨 구 같은 프로젝트는 단순히 우리가 아직 그것을 수행할 만큼 충분히 똑똑하지 않다는 사실을 반영할 수도 있다. 우리 문명보다 훨씬 진보한 문명은

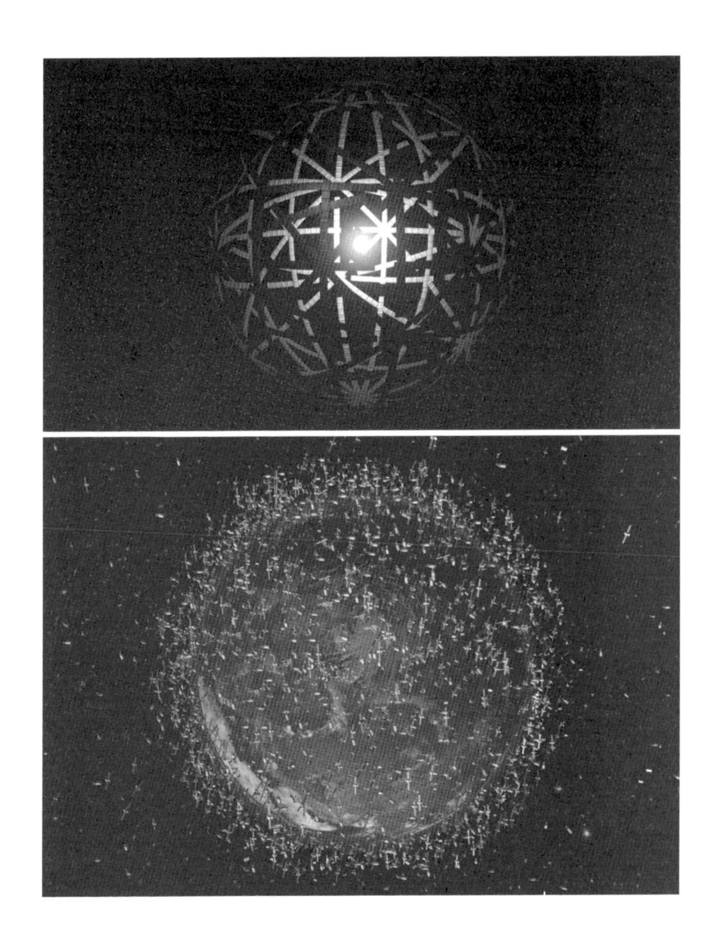

항성과 행성을 둘러싼 외계 지성체 인공 구조물의 두 가지 예. 다이슨 구(항성 주위에 건설되어 빛을 수확하는 가상적 거대 구조물)와 지구형 행성 주위의 통신 위성군.

우리의 더 제한된 이해로는 극복할 수 없어 보이는 장애물을 쉽게 극복했을지도 모른다.

* * *

최대한으로 추구하다 보면 우주 고고학은 겸손해질 수밖에 없을 것이다. 이것이야말로 가장 많은 보상을 받을 수 있는 상황이다. 우리가 우리 앞에 나타난 문명들보다 덜 진보했음을 받아들일 수 있다면 이는 우리 자신의 진화를 가속하기 위한 방법 찾기로 이어질지도 모른다. 그것은 인류가 수천 년, 수백만 년, 심지어 수십억 년씩 도약할 수 있게 하는 심리적인 변화다.

인류가 다른 문명들이 통과하지 못할 만큼 특별히 높은 지능 기준선에 있는 것이 아닐 가능성에 대한 증거는 곳곳에 있다. 신문과 당신 바로 옆에 있는 화면 그리고 끝없이 새로 고침 되는 뉴스피드만큼이나 가까이 있다. 지능의 진정한 표지는 자신의 복지를 증진하는 것이지만 우리의 행동은 너무나 자주 그와 반대다. 세계에서 가장 긴급한 뉴스 기사에 세심한 주의를 기울여 보면 우리가 세상에서 가장 똑똑한 종種이 될 수 없다는 충분한 증거를 발견할 수 있다.

인류는 이전 세기는 물론이고 오늘날에도 집단적 복지

에 초점을 맞춘 적이 거의 없다. 현재 우리는 다른 나쁜 습관들도 많지만, 특히 탄소 중립 에너지같이 복잡하거나 백신처럼 우려되거나 재사용 가능한 가방을 가지고 쇼핑하는 것처럼 분명한 문제들에 있어서 장기적인 이익보다는 단기적인 이익을 반복적으로 택한다. 그리고 우리보다 더 똑똑하고 포식적인 문명이 있을지 걱정조차 안 하고 전파를 통해 1세기 넘게 우리의 존재를 끊임없이 은하 전체에 방송해 왔다.

물론 인류 문명이 더욱 미묘하고 균일한 메시지를 우주로 표출하기 위해서는 조율된 노력이 필요하며 이는 단결된 문명을 전제로 한다. 하지만 인류 역사를 보면 장래에, 적어도 가까운 장래에 그렇게 된다는 희망을 주는 근거를 거의 찾을 수 없다.

* * *

우주 고고학이라는 신생 분야에서 필요한 도구와 자원을 얻는 것 외에 또 다른 근본적인 도전은 다른 더 진보한 문명의 산물을 상상하는 능력을 증가시키는 접근 방식의 채택이 될 것이다. 다른 말로 하면 기능을 잃거나 버려졌거나 의도적으로 보내진 어떤 외계 기술을 우리 자신의 경험과 그에 따른 추정의 한계에서 벗어나 지적으로 해석할 준비를 해야 한다.

우리가 발견하는 것을 익숙한 것에 기대어 정의해서는 안 된다는 점을 학생들에게 강조하기 위해 나는 종종 동굴 거주자들이 현대 휴대폰을 발견하는 데 비유해 왔다. 이는 외계 지성체가 개발한 앞선 기술 장비의 일부를 인류가 곧 발견하게 될 가능성에 적절하게 적용된다. 만약 우리가 스스로 준비하지 않는다면, 만약 우리가 우주 고고학을 과학으로 받아들이지 않는다면 우리는 휴대폰을 신기하고 반짝이는 돌멩이에 불과하다고 여기는 동굴 거주자들처럼 행동할지도 모른다. 그리고 그 근시안적인 시각 때문에 동굴 거주자들은 100만 년 치의 도약할 기회를 놓칠 것이다.

한 가지 사실은 분명하다. 만약 오무아무아의 경우처럼 인공 천체의 증거를 찾을 확률을 0으로 지정한다면, '결코 외계 기술은 아니다'라고 선언함으로써 인류 문명이 노력과 자금과 학자들을 거기에 맞춰 조직한다면 우리는 결코 외계 문명의 증거를 찾지 못할 것이라고 장담할 수 있다. 앞으로 나아가기 위해서 우리는 고정 관념에서 벗어나 생각해야 하고 과거의 경험을 바탕으로 발견하는 것을 예상하려는 편견을 피해야 한다.

개인으로서 그리고 문명으로서 우리는 우주에서 우리의 잠재적 위치와 우주에서 우리의 잠재적 미래 둘 다에 대한 겸손도 배워야 한다. 우리는 우주적 지능의 최고 바깥쪽 기준을 세우는 위치에 있을 가능성보다 종 분포 곡선의 중심에 있을 가능성이 통계적으로 훨씬 더 높다. 내 수업을 듣는 학생들은 "이 강의실의 절반만이 이 강의실의 중간보다 낫다"라는 당연하지만 정신이 번쩍 드는 말을 듣고 종종 놀란다. 같은 말이 문명에도 적용된다. 지구와 유사한 많은 행성을 발견했는데도 지금까지 다른 문명의 결정적인 증거를 찾지 못했다고 해서 우리 문명과 지구 생물만이 유일하게 밝은 미래를 보장받았다고 간주해서는 안 된다.

역사가들이야 우리의 과거가 진보에 대한 목적론적인 방향을 제시하는지 아닌지를 논쟁할 수 있겠지만 우주는 명확한 답을 제공한다. 우주의 역사는 별, 행성, 태양계의 소멸 추세를 알려 준다. 그리고 여기에는 아마도 우리가 아는 우주 자체의 소멸 추세도 포함될 것이다. 외계 기술의 발견은 말할 것도 없고 그것에 대한 탐색만으로도 우리는 더 한정된 틀에서 벗어나 우리 문명의 먼 미래를 염두에 두지 않고 한두 세대만을 내다보는 습관을 버릴 수 있다.

* * *

개인적 일화를 통해 새로운 사고방식의 필요성을 설명해 볼까 한다. 나는 유럽의 같은 대학을 여섯 번 방문했다.

나를 초대한 이들은 매번 샤워할 때마다 기울어진 천장에 머리를 부딪칠 만큼 작은 호텔 방을 제공했고, 나는 다리조차 뻗기 힘든 좁은 침대로 기어들어야 했다. 나는 겪을 만큼 겪었다고 생각했다. '다음에는 더블 룸을 예약하겠어'라고 스스로에게 약속했다. 그리고 그렇게 했다.

그러나 다음 여행에서 호텔에 도착하자 안내원이 다음과 같이 말했다. "사모님께서 오시지 못하셨군요. 예약한 방을 기꺼이 싱글 룸으로 바꿔 드리겠습니다." 나는 "천만에요. 제가 예약한 더블 룸을 주세요"라고 말했다. 초대자에게 이 이야기를 하며 왜 이렇게 공간이 제한되어 있냐고 묻자 "이 마을에서는 규칙상 어떤 건물도 교회보다 높게 지을 수 없어서요"라고 대답했다. 이 얘기를 듣고 나는 이런 질문을 할 수밖에 없었다. "교회를 더 높이는 게 어때요?" 그들은 이렇게 대답했다. "수백 년 동안 이래 왔는데요."

관성은 강력하다. 젊은이들은 문자 그대로도 은유적으로도 새로운 세계를 상상하곤 하지만 그들의 혁명적인 아이디어는 오래전에 많은 치열한 싸움을 겪고서 현실에 도전하는 열정을 잃은 '윗방 어른들'의 의심과 거부에 자주 직면한다. '어른들'은 그냥 있는 그대로에 익숙해졌다. 그들은 이미 알려진 것을 받아들이고 알려지지 않은 것을 무시하게 되었다.

젊음은 생물학적 나이가 아니라 태도의 문제다. 사람들

이 전통의 경계 안에 머무르려 하면 누군가는 과학 발견의 새로운 경계를 기꺼이 열게 해야 한다. 과학자가 되는 것은 어린 시절의 호기심을 유지하고 정당하지 않은 관념에 의문을 제기하는 큰 특권을 준다. 그러나 이 기회는 사람들이 붙잡지 않는 한 아무 도움이 되지 않는다.

보수적인 과학계는 일반적으로 지적 생명체는 아마 지구에만 있을 것이고 하늘에서 인공 신호를 찾거나 우주에서 죽은 문명의 잔해를 찾는 것은 시간과 돈을 낭비하는 일이라고 믿고 있다. 하지만 이는 경직된 사고방식이다. 오늘날 새로운 세대의 연구자들은 이 관념을 근본부터 뒤집을 수 있는 망원경에 접근할 수 있다. 코페르니쿠스가 우주에서 우리의 위치에 대한 지배적인 독단주의를 혁파한 것처럼, 우리 세대 역시 '교회 높이를 높여' 새로운 혁명을 촉진할 수 있다.

11장 오무아무아의 내기

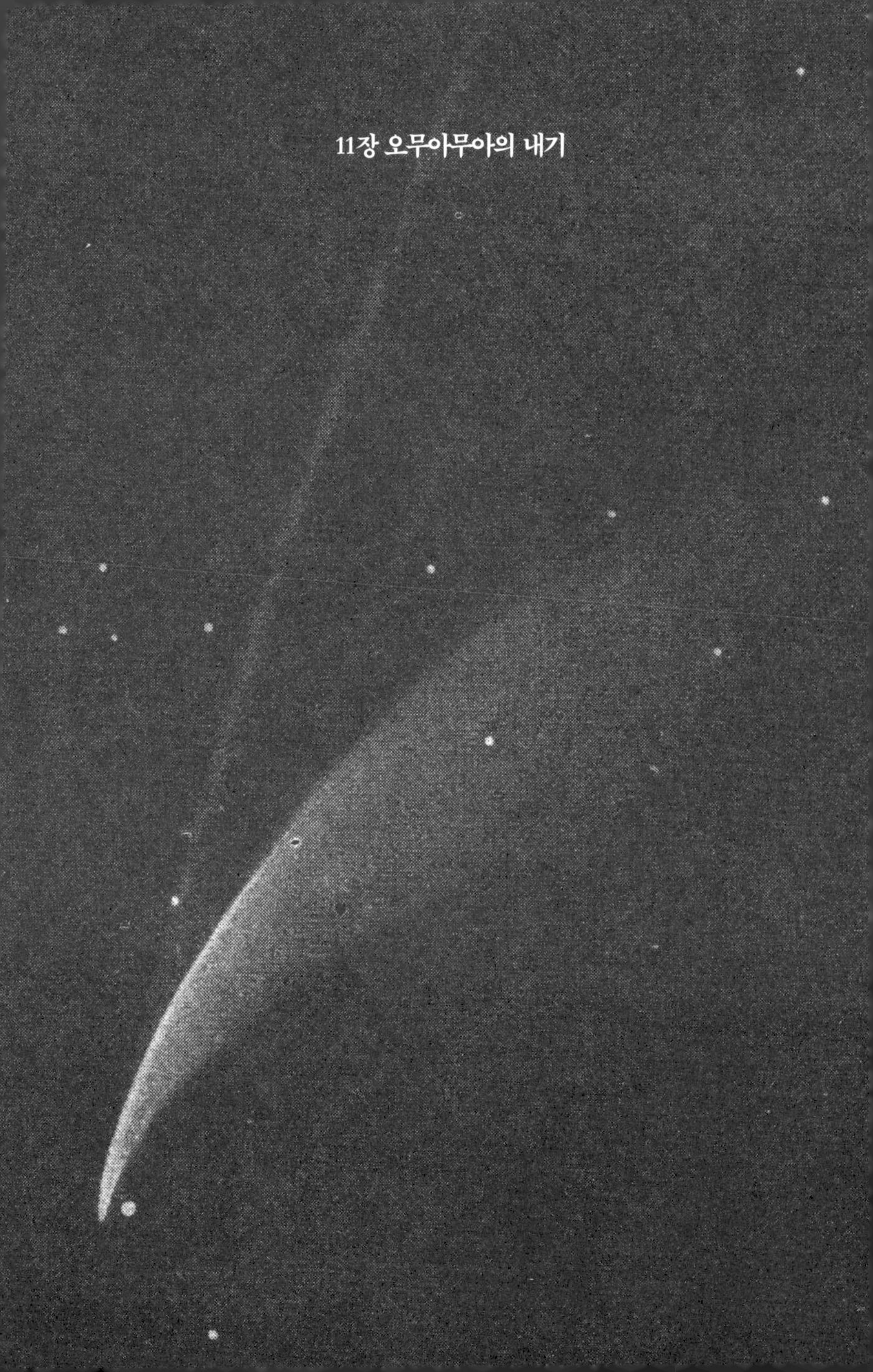

*

우주 어딘가에 생명체가 존재한다는 반박할 수 없는 확증이 생긴 다음 날 우리 행성의 삶을 상상해 보라. 간단히 가정하자면 오무아무아가 2017년 10월 이전에 발견되었고, 우리는 오무아무아를 가까이에서 촬영하기 위한 카메라를 실은 우주선을 발사할 기회를 얻었다. 카메라는 근접 사진을 찍었고, 이 사진이 오무아무아가 외계 문명의 기술적 잔해라고 합리적으로 의심하는 정도가 아니라 완전히 증명하는 수준이었다고 생각해 보라.

이제 스스로에게 물어보자. 그 뒤는 어떻게 되었을까? 나로서는 다른 행성에서 생명체의 증거를 찾는 것은 천문학뿐만 아니라 심리, 철학, 종교, 심지어 교육에도 지대한 영향을 줄 것이라고 믿는다. 현재는 과학계 극소수만이 외계 생명체의 가능성을 진지하게 연구하고 있지만, 우리가 외톨이가 아니라는 확신을 하게 되는 순간 이러한 주제들은 고등학교 필수 교과 과정의 일부가 될 것이다. 이러한 발견이 우리의 행동 방식과 상호 작용하는 방법에도 영향을 미치리라 추측하는 것은 그리 지나친 일이 아니다. 우리가 마치 인류라는 한 팀의 일부인 듯 느끼게 되고 지리적 국경이나 분리된 경제 같은 일상 문제에 대한 걱정과 싸움을 멈추게 될 것이기 때문이다.

다른 행성에서 생명체의 증거를 발견한다면 이는 우리를 근본적이고도 미묘한 방식으로 변화시킬 것이다. 나는 그 변화 중 대부분은 더 좋아지는 것이라고 상상하게 된다.

거주 가능한 행성이 어디에나 존재한다는 점을 감안하면 우리가 유일하다고 결론을 내리는 것은 오만의 극치이다. 나는 그것이 유아기적 오만이라고 믿는다. 내 딸들은 아기였을 때 자신들이 특별하다고 믿었다. 하지만 다른 아이들을 만난 후 딸들은 현실에 대한 새로운 관점을 발전시켰고 성숙해졌다.

우리 문명이 성숙하기 위해서는 우주에 도전해 다른 문명을 찾아야 한다. 우리는 저 바깥에서 우리가 이 동네에 있는 유일한 아이가 아닐 뿐만 아니라 동네에서 가장 똑똑한 아이도 아니라는 것을 발견할 수도 있다. 우리가 한때 지구가 우주의 중심에 있다는 믿음을 포기한 적이 있었듯이 우리와 같은 자의식이 있는 지성체가 없을 리가 없다는 명백한 통계적 가능성에서부터 행동을 시작해야 한다. 당신과 내가 한 인간으로서 미래 세대보다 빛이 바래는 정도가 아니라 인류 전체가 더는 문명의 유일한 창조자이기는커녕 이미 누군가가 우주에서 구현한 것들을 훨씬 덜 성취한 상태일 가능성이 높다.

그러한 이해의 틀은 우리를 겸손하게 할 것이고, 겸손은 우주에서 우리의 위치에 대한 관점을 향상시켜서 그 위치가 우리가 믿는 것보다 더 연약함을 깨닫게 할 것이다. 그럼으로써 우리가 살아남을 기회가 증가할 수 있다. 우리는 매일 문명의 운명을 가지고 도박하고 있기 때문이다. 그리고 지금 이 순간, 이 문명이 오래 지속될 확률은 정말 적어 보인다.

* * *

이것을 오무아무아의 내기로 생각해 보자. 17세기 프랑스의 수학자이자 철학자이며 신학자인 블레즈 파스칼이 제안한 내기와 같은 선상에 있다. 파스칼이 규정한 유명한 내기는 다음과 같다. 인간이 신의 존재 여부를 놓고 목숨을 건다. 파스칼은 신이 있다고 여기고 사는 편이 좋다고 주장했다.

파스칼의 추론은 이렇다. (신이 있다고 여기고 사는데) 만약 신이 존재하지 않는다는 것이 밝혀지면 당신은 평생 단지 몇 가지 즐거움만 포기한 것이다. 그러나 (신이 있다고 여기고 사는데) 신이 존재**한다면** 당신은 천국으로 가고 거기서 무한한 보상을 얻을 수 있다. 당신은 또한 모든 가능한 결과 중 최악의 결과, 즉 영원히 지옥에 떨어지는 것을 피한다.

꼭 같은 방식으로 나는 오무아무아가 외계 기술인가 아닌가에 인류가 미래를 걸 수 있다고 주장한다. 그리고 우리의 내기는 완전히 세속적이지만 의미는 그 못지않게 심오하다. 매우 실체적인 의미에서 내기에 이겼을 때의 보상이자, 우리가 생명을 찾을 것으로 기대하고 별들 사이를 누비며 탐험하는 곳은 천국 그 자체이다. 그리고 특히 거대 필터의 망령, 즉 우주를 탐험할 수 있는 기술적 능력을 갖춘 문명은 자초한 상처로 전멸하기 매우 쉽다는 사실을 생각하면 잘못된 내기와 너무 늦은 계획은 우리의 멸종을 앞당길지도 모른다.

물론 이 두 내기는 몇 가지 중요한 면에서 크게 다르다. 예를 들어 파스칼의 내기는 엄청난 신념의 도약을 요구한다. 오무아무아의 내기는 단지 약간의 희망, 구체적으로는 좀 더 과학적인 증거에 대한 희망만을 필요로 한다. 그 증거는 우리가 이미 진작부터 촬영할 수 있었을 물체의 고해상도 근접 사진 한 장처럼 간단한 것일 수 있다.

파스칼의 영원한 비용 편익 분석은 신성한 전지적 존재를 상정해야 한다. 오무아무아가 외계 기술이라고 상정하는 일은 우리 자신 말고도 지성체가 있다는 믿음만을 필요로 한다.

게다가 파스칼이 가진 것은 신앙뿐이지만, 우리는 증거와 추론을 가지고 있다. 오무아무아가 외계 기술이었다는 쪽으로 확률을 기울여 주는 자산이다.

이 내기들을 비교하는 것이 유익하다고 생각하는 또 다른 이유가 있다. 나는 오무아무아에 대한 대화가 종종 종교로 바뀐다는 것을 깨닫게 되었다. 이에 대해 나는 충분히 진보한 지성이라면 그것이 무엇이든 우리에게 신의 훌륭한 근사치로 보이리라는 것을 우리가 이해하기 때문이라고 믿는다.

* * *

"천문학을 공부하게 되면서 당신의 종교적 믿음, 즉 신에 대한 믿음이 어떤 식으로든 바뀌었나요?" 《뉴요커》의 한 기자와 오무아무아에 대해 인터뷰하면서 이런 질문을 받았을 때 처음에는 당황했다. 왜 나를 종교적이라고 가정하는가? 나는 세속적이었고, 지금도 그렇다.

하지만 CNN과 인터뷰하면서부터 이런 질문들을 받는

데 대해 감사하기 시작했다. 할당된 시간이 거의 끝나갈 무렵 인터뷰 진행자는 나에게 "우리가 외계 문명을 처음 접했을 때 그들이 종교적이기를 바라나요, 아니면 세속적이기를 바라나요?"라고 물었다. 그러고 나서 그는 한 문장으로 대답할 수 없는 문제라는 것을 깨달았는지 시간적 제약을 이유로 내가 꼭 대답할 필요는 없다고 덧붙였다.

나는 대답할 필요가 있다고 생각한다. 그리고 이런 종류의 질문 샘에 대해 전보다 더 많이 생각해야 한다. 오무아무아는 우리에게 경외할 만한 가능성을 제시했고, 우리는 전통적으로 경외감과 투쟁해 왔다.

수 세기에 걸쳐 우리 문명은 신화에서부터 과학적 방법에 이르기까지 우리에게 경외감을 불러일으키는 것들을 이해하기 위한 수단들을 발명해 왔다. 그리고 시간이 흐르면서 그러한 많은 것들이 인간이 경험하는 '기적'의 대열에서 일상의 대열로 옮겨 갔다. 이는 대부분 과학의 진보에 기인한다고 할 수 있다. 하지만 어떤 사상 규범도 독선과 맹목의 위험에서 벗어날 수 없으며 이는 신학자들뿐만 아니라 과학자들도 마찬가지다.

세속적인 사람이 CNN 인터뷰 진행자가 내게 던진 질문을 어떻게 들을지 생각해 보라. 그는 한편으로 종교적 존재는 고귀한 가치관에 의해 인도되거나 온유한 사람이 우주를 계승해야 한다는 어떤 명령을 고수함으로써 윤리적일 가능성이 더 높다는 것을 잠정적으로 인정할지도 모른다. 결국 인류의 종교 대부분은 추종자들이 복종하는 추상적인 가치 체계를 가르친다. 그 복종이 신성한 실체에게서 받을 처벌에 대한 두려움으로 인한 것이든 아니면 사회적 관심사로 인한 것이든 말이다. 세속적인 사람도 자이나교와 같은 소수 종교가 비폭력을 명시적으로 옹호한다는 것을 인정하기는 한다.

하지만 세속적인 사람은 종교 역사를 아주 간단히 조사하기만 해도 다시 한번 생각하게 될 것이라고 지적할 것이다. 일례로 16세기 스페인의 중남미 침략을 떠올려 보라. 우상 숭배를 증오해 1562년 로마 가톨릭 성직자인 디에고 드 란다 칼데론Diego de Landa Calderón이 수천 권의 마야 필사본, 즉 고문서에 불을 질러 오늘날 학자들이 연구할 만한 것이 거의 남아 있지 않을 정도다. 성직자 칼데론은 "우리는 이런 글자로 쓰인 책을 대량으로 발견했는데, 그 책들에는 미신과 악마의 거짓말로밖에 보이지 않는 것들만 있었기 때문에 모두 불태웠다"라고 선포했다. 만약 우리와 외계인이나 외계 기술과의 첫 만남이 로마 가톨릭교회의 종교 재판과 1519년 에르난 코르테스가 아즈텍 제국의 수도 테노치티틀란에 도착해 한 일들을 재현할 것이라고 상상한다면 걱정하는 것이 옳을 것이다.

이제 "우리가 외계 문명을 처음 접했을 때 그들이 종교적이기를 바라나요, 아니면 세속적이기를 바라나요?"라는 질문에 종교인이 어떻게 반응할지 생각해 보라. 의심할 여지 없이 경제학 같은 사회 과학을 포함해서 과학은 기대 수명을 꾸준히 늘렸고 극심한 빈곤을 줄였다. 그러나 우리가 세속적이고 과학적인 문명을 선호할 것이라는 추측은 똑같이 낡아 빠진 우려를 불러일으킨다.

바로 전 세기인 20세기를 생각해 보라. 인류 역사상 가장 치명적인 전쟁 중 하나인 제1차 세계 대전과 제2차 세계 대전은 국경, 자원, 권력을 둘러싼 세속적인 경쟁이었다. 번식을 통제해서 인간을 개량하는 과학으로 여겨지던 우생학은 미국의 인종 차별주의에 잘못된 믿음을 주고 나치 독일의 홀로코스트를 장려했다. 또한 20세기에 가장 세속적임을 뽐냈던 실험인 소비에트 연방은 과학적 진보가 공산주의의 이념적 신념에 부합한다고 빈번히 주장했다. 분명히 과학 역시 정통성, 권위주의, 폭력에 취약하다.

나는 인터뷰 진행자가 던진 질문이 보기보다 어려운 문제라고 생각한다. 그는 연구할 수 있는 단 하나의 문명인 우리 자신이 제공한 증거로부터 잘못된 교훈을 얻었다. 전체 문명의 규모에서 보면 '종교적인가 아니면 세속적인가'는 잘못된 이분법이 되기 쉽다. 최근이든 먼 옛날이든 인간의 역사를 보고 판단하건대 우리가 접하는 외계 지성체는 종교적 **이면서도** 세속적인 것일 가능성이 높으며, 그것이 반드시 우려할 만한 것은 아니다.

다시 한번 당신의 마음을 우주의 다른 곳에서 생명체의 증거를 찾은 다음 날로 투사해 보라. 내가 확신하고 있는 예측이 하나 더 있다. 우주에서 외톨이가 아니라는 사실을 확실히 알게 되면 인류의 모든 종교와 모든 과학자(심지어 가장 보수적인 과학자까지도)가 그 사실을 수용할 방법을 찾을 것이다.

나는 우리가 처음 접하는 외계 지성체가 종교적이든 세속적이든 상관없이 오만보다 겸손을 따라 행동하기를 바란다. 이는 이 만남의 품격을 올려서 이기주의와 그에 따른 패권 투쟁으로 추진되는 제로섬 갈등이 아니라 당사자를 풍요롭게 하는 상호 학습 경험으로 만들 것이다. 물론 이 희망은 우리가 우주 탐사를 하면서 멀리 떨어진 전초 기지를 만들고 우리 자신의 정착촌(별들 사이에 있는 우리 자신의 작은 베이트 하난)을 건설할 때 적용해야 하는 방법론으로까지 확장된다. 우리가 우주로 더 멀리 나아갈수록 도덕적 책임과 겸손은 지금까지 지구상에서 증명된 것보다 더 높은 기준을 따라야 한다.

종교와 과학 모두 역사의 흐름에 따라 인류의 겸손과 오만을 강화해 왔다. 합리적으로 고려할 수 있는 생각을 배제하는 것은 오만의 극치다. 바로 그것이 신학자이건 과학자이건 간에 모든 맹목적 지식인들이 하는 일이다. 두 분야 모두 때때로 그들의 실천자들에게 그러한 맹목을 권장하고, 생각을 제한하고, 기존의 진부한 조사 방법을 따르도록 강요했다. 그러나 신학과 과학 모두 때때로 그들의 실천자들에게 눈가리개를 찢고 새롭고 논란이 많은, 예기치 않은 것들에 마음을 열도록 격려했다는 사실도 인정해야 한다. 나는 바로 여기에서 희망을 찾는다.

첫째, 외계 문명의 구성원들은 우리가 그들을 마주치는 것을 경외하는 만큼이나 우리를 마주치는 것을 경외할 것 같다. 그들 역시 수많은 세대 동안 우주의 심연을 응시했을 것이다. 그들 역시 우주가 생명체를 지탱할 수 있는 행성으로 가득 차 있지만 우주에서 생명체는 유난히 드물다는 것을 이해할 것이다.

둘째, 우리가 그들의 의도를 걱정하는 것만큼이나 그들도 우리 종족이 그들을 어떻게 받아들일지를 걱정할 가능성이 높다. 그들이 지구상 생명에 대해 가지고 있는 정보가 무엇이든 간에 그것은 부분적이며 그 대부분이 끔찍하게 구식일 것이다. 마치 지구의 천문학자들이 우주를 바라볼 때 시간을 되돌아보는 것처럼 외계 천문학자들 역시 시간을 되돌아본다. 결국 물리 법칙은 우리의 외계인 짝궁의 기술에도 똑같이 적용될 것이고, 우리가 지금까지 배운 모든 것을 바탕으로 하면 이동해야 할 거리만큼 겸손이 늘어나리라는 것을 암시한다. 인류의 모든 성간 운송 수단은 편도라는 것도 생각해 보라. 외계인들도 마찬가지일 것이다.

셋째, 나는 우리가 결국 접하게 될 외계 지성체 중에는 실존주의자가 몇 명 있을 것이라고 상상하게 되었다. 그것이 환상이라고 생각하지 않는다. 인류의 지성사가 지구상에 실존주의학파의 사상을 꽃피워 그 뒤에 무엇이 올지를 알려 주었듯이, 외계 지성체도 마찬가지일 것으로 생각한다. 나는 그들도 우리 못지않게 기적의 대열에서 일상의 대열로 옮길 수 없는 생명의 가장 완강한 미스터리와 맞서며 보냈을 것이라고 믿는다.

삶의 의미보다 더 근본적인 미스터리는 없다. 우리 중 몇몇은 햄릿 역에 캐스팅되었고, 몇몇은 로젠크란츠와 길든스턴 역에 캐스팅되었지만 우리 모두 대본 없이 무대 위에 올라서는 느낌을 경험했다. '이게 다 무슨 소용이란 말인가?'라는 질문에 답을 전혀 찾지 않는 사람은 드물다. 내 생각에는 자의식이 있는 존재 역시 그럴 것이다. 젊은 시절 나는 실존주의 철학자들, 특히 알베르 카뮈의 인도를 받았다. 카뮈의 작품들 중 가장 공감한 것은 《시지프 신화》였다. 그리스 신화에 따르면 시지프(시시포스)는 신들로부터 영원히 무거운 돌을 언덕 위로 굴려 올리는 형벌을 받았다고 한다.

하지만 시지프가 바위를 정상 가까이 가져가면 바위는 다시 굴러 내려갈 뿐이다. 카뮈는 이것이 설명할 수 없는 세계를 이해하려다 영구 순환에 걸린 인간의 부조리한 상태와 유사하다고 믿었다. 자의식이 있는 생명의 공통적인 상황, 즉 왜 그러는지 전혀 알지 못한 채 태어나고 죽는 것은 부조리하다고 카뮈는 믿었다. 나는 우리처럼 지적 한계에 얽매여 있는 다른 자의식이 있는 존재들도 같은 결론에 도달하게 될 것이라고 믿는다. 생명은 부조리하다.

부조리에 직면해서 거만하게 굴기는 어렵다. 겸손이 더 적절한 자세다. 인류가 경이로운 것에 직면했을 때 겸손을 기른다는 증거를 더 많이 발견할수록 외계 문명으로부터 같은 태도를 기대할 수 있는 이유가 더 많아지게 된다.

역사를 통해 인간은 그들의 사생활보다는 더 고무적인 원인(보통 국적과 종교와 같은 지구상의 관심사와 관련이 있는 원인)을 위해 반복적으로 싸워 왔다. 일례로 제2차 세계 대전 동안 일본군은 그들의 천황 히로히토를 위해 기꺼이 목숨을 바쳤다. 하지만 관측 가능한 우주에서 거주할 수 있는 행성이 약 10해(1,000,000,000,000,000,000,000) 개에 달한다는 우리의 최근 인식에 비추어 볼 때, 천황의 지위는 거대한 해변의 모래 한 알을 품는 개미의 지위보다 더 대단할 것도 없다. 그리고 천황에게 사실인 것은 군인이나 지구상의 다른 누구에게도 똑같이 사실이다. 우리가 모래알 너머 그 위를 본다면 지금보다 더 잘 할 수 있을 것이다.

아마도 우리는 웃기는 역할을 하는 덩치 큰 배우처럼 행동하기보다는 관객의 관점으로 주변의 눈부신 쇼를 그저 즐겨야 할지도 모른다. 그리고 멈춰 서서 장미 향기를 맡는 (또는 조개껍데기를 살펴보는) 넓은 마음을 가지면 관중이 즐길 수 있는 것은 지구 안이든 밖이든 많다. 지구상의 풍부한 광경이 주는 영감으로도 부족하다면 우리는 망원경을 사용해 훨씬 더 다양한 종류의 드라마를 볼 수 있다. 앞으로 10년 동안 우주의 '시공간 유산 조사'를 실시하는 베라 C. 루빈 천문대는 밤하늘의 절반 이상을 반복적으로 촬영해서 우주 환경을 500PB(페타P는 10^{15}으로, 테라T의 1,000배, 기가G의 100만 배이다. –옮긴이) 이미지로 전달할 것이다. 나는 이번 조사의 결과 중 하나는 전 우주에 방송되는 새로운 스트리밍 미디어 구독 서비스가 될 것이라고 꿈꾼다.

물론 우리가 모두 관객으로 남을 수는 없다. 우리 중 몇몇은 변화를 만들고 싶어 할 것이다. 공헌할 방법(나는 과학만큼 많은 공헌을 할 방법은 없다고 항상 주장할 것이다)은 무수히 많으며 우리의 경이로움과 희망을 느끼는 능력에 상응하는 목표를 가진다면 도움이 될 것이다.

* * *

다른 문명의 가치를 곰곰이 생각하는 것은 궁극적으로 우리 자신의 가치를 이해하고 다듬을 수 있게 해 준다. 그러한 노력으로 오무아무아의 내기가 약속하는 것도 알게 된다.

인류가 최근 외계 기술과 접촉해서 우주에서 무엇을 찾고 무엇을 기대할지에 근본적인 전환이 있었다는 데 걸어 보자. 이 전환과 비슷하게 우리는 우리의 세계뿐만 아니라 우주에도 큰 변화를 일으킬 수 있기를 열망하도록 바뀔 것이다. 마치 우리 자신이 아닌 지성체가 우주에 존재하거나 존재했던 것을 알고 있는 것처럼 산다면 인류의 임무 중 일부를 재정립하게 될 것이다.

개인적으로 나는 항상 우주에 대한 새로운 무언가를, 우리의 우주관을 바꾸고 우주에 대한 열망을 자극할 만한 무언가를 이해하고자 하는 욕구에 이끌려 왔다. 나는 우주 무대에서 새로운 도전을 하도록 우리 문명에 동기를 부여하는 천문학자의 관객적 관점을 이용하여 삶에 의미를 부여한다. 지구상에서의 많은 공학적 성과로 판단하자면 더 넓은 시야는 새로운 기술을 개발하고, 새로운 질문을 하고, 새로운 학문 분야를 정립하고, 더 넓은 거주지에서 우리의 역할을 알아보게 할 수 있다.

모든 천문학 데이터 중에서 외계 생명체의 발견이야말로 넓은 시야를 갖는 데 가장 큰 영향을 미칠 수 있다. 그런데 이미 우리가 외계 생명체를 발견했다면 어떨까? 주변의 세계와 그 안에 있는 우리의 위치를 보는 시각을 중대하게 변화시키는 영감을 준 많은 과학의 획기적인 사건들처럼, 더 넓은 시야를 채택하지 못하게 하는 유일한 이유가 오무아무아의 내기를 낙관적으로 받아들이는 데 대한 우리 자신의 저항감뿐이라면 어떨까?

우월한 존재와의 만남에서 얻을 수 있는 주된 이점 가운데 하나로 오랫동안 우리를 괴롭혀 온 근본적인 물음을 그들에게 던질 기회를 들 수 있을 것이다. 삶의 의미란 무엇일까? 나는 수천 년의 과학적 지식에서 비롯된 그들의 대답을 들을 수 있을 만큼 오래 살고 싶다. 하지만 동시에 인류가 답으로 나아가는 속도를 오만이 방해할까 걱정된다. 이 오만 때문에 우리는 별의 팽창을 올려다보기보다 모래알에 매달리게 될 때가 더 많다.

12장 씨앗

*

만약 우리가 오무아무아의 내기에서 단순히 이상한 암석이 아니라 외계 지성체의 산물이라는 쪽에 판돈을 걸기로 한다면 또 다른 의문이 제기된다. 이 내기에 판돈을 얼마나 걸 용의가 있는가?

우선 인류가 걸 수 있는 가장 소심한 판돈을 생각해 보자. 우리는 인류가 발견한 최초의 성간 여행자를 제대로 관찰할 기회를 놓쳤다는 것을 간단히 받아들일 수 있고, 다음 여행자를 놓치지 않기 위해 장차 더 나은 준비를 할 수 있다. 준비는 몇 가지 서로 다른 방법으로 진행될 수 있으며, 다음에 태양계를 통과하는 아주 변칙적인 물체의 이미지를 포착하는 방법도 포함된다. 어쩌면 물체 자체를 포획할 수도 있을 것이다. 그러자면 우리가 발견한 것을 연구하고 이해할 수 있게 지적이고 기술적인 모든 역량을 키워야 한다. 그런 소박한 판돈도 결과는 생각만 해도 아찔하다. 다른 문명의 기술을 발견하는 것은 우리가 오랫동안 갈망해 왔던 목표에 도달하는 데 도움을 줄지도 모른다.

우주 고고학은 그 첫걸음 중 하나일 것이다. 하지만 우리의 노력은 거기서 멈추지 말아야 한다. 오무아무아의 외계 발생에 대한 가설을 진지하게 받아들인다면 우리가 다음에 외계 기술이나 생명체를 만날 때 직면할 가능성이 있는 도전들도 진지하게 받아들여야 한다. 일단 우주에서 외계 생명체의 결정적인 증거를 발견하게 되면 어떻게 반응해야 할지에 대한 국제적 논의가 있을 것으로 예측된다. 이 논의를 어떻게 준비해야 할까? 세티가 수십 년 동안 탐색해 온 통신에 대해, 아니면 외계 지성체의 다른 증거에 대해 우리는 어떻게 예상하고 계획할 수 있을까?

오무아무아가 이색적인 바위에 불과했다는 데 판돈을 걸었다면 그런 증거들이 더 명확하게 드러나는 날 우리는 **허둥지둥** 필요한 도구들을 제작해야 할 것이다. 그 첫 번째는 아마도 은하 간 통신의 의미 파악에 도전하는 '천문 언어학' 분야일 것이다. 뒤이어 천문 정치학, 천문 경제학, 천문 사회학, 천문 심리학 등 다른 분야도 필요할 것이다. 하지만 오무아무아가 외계에서 발생했다는 데 판돈을 걸면 우리는 **내일**

바로 그러한 분야를 만들 수 있을 것이다.

오무아무아의 외계 발생에 대해 우리가 걸 수 있는 다른 소심한 판돈도 있다. 예를 들어 우주에서 우리가 외톨이가 아니라고 확신하게 되면 기존의 국제법에는 외계와의 조우에 대해 생각할 수 있는 틀이 없다는 것 또한 바로 발견하게 될 것이다. 사실 오무아무아가 외계에서 발생했다는 데 인류가 걸 수 있는 낙관적인 판돈 중 가장 온건한 것은 외계 생명체의 증거를 찾고 외계 지성체와 소통하려는 우리의 노력에 관한 국제 규약과 감시를 유엔의 우산 밑에 넣는 방식으로 확립하는 것이 될 것이다. 심지어 모든 지구상의 조인국들이 초기 조약에 동의하는 것만으로도 우리가 한 종으로서 우리보다 수십억 년 더 발전된 성숙한 지성체과의 조우에 어떻게 반응하는가에 대한 틀을 제공하게 될 것이다.

인류가 오무아무아에 걸 수 있는 가장 야심 찬 판돈은 무엇일까? 그것은 지구 생명체의 생존을 보장하기에 충분한 무언가다. 좀 더 야심 찬 판돈은 더 성숙한 문명이 시도했을지도 모른다고 상상하는 데서 우리가 배우는 것이다. 작은 과학적 도약을 하고 오무아무아가 외계 기술이었다는 가능성을 받아들이면 인류는 태양계가 맞닥뜨린 빛의 돛을 부표로 남길 수 있었던 문명과 비슷한 생각을 할 수 있게 될 것이다. 그것은 단순히 외계 우주선을 상상하는 것이 아니라 우리 스스로 우주선을 만드는 일을 고민하게 한다.

외계 우주선에는 3D 프린터와 인공 지능이 장착된 로봇들이 있을 수도 있다. 이 로봇들은 다른 곳에서 퍼 올린 원료를 사용하여 그들이 고향 행성에서 가져온 청사진을 바탕으로 인공 물체를 만들 수 있을 것이다. 이 기능은 한 곳에서 발생한 재앙으로 귀중한 콘텐츠를 잃지 않도록 다른 곳에 동일하게 복사해 저장하는 데 도움이 된다. 대상 행성의 원료를 써서 생명체를 복사하는 3D 프린터의 이점은 우리가 익히 알고 있듯이 DNA를 가진 자연적인 생물학적 체계는 수명이 정해져 있다는 점을 극복하는 데 있다. 가장 조심스럽게 저장된 생명체의 구성 요소라 해도 몇백만 년 안에 분해된다. 기계는 훨씬 더 오래 지속되다가 일단 목적지에 도착하면 해당 생명체를 만들 수 있다.

어쩌면 우리는 우리가 우주에서 유일한 생명체가 아니라는, 심지어 우주에서 가장 지적인 생명체도 아니라는 결정적인 증거를 얻기도 전에 이런 일을 해야 할지도 모른다.

어릴 적에는 공 모양으로 활짝 핀 민들레 홀씨를 찾아 얼굴 가까이 대고 있는 힘껏 불곤 했다. 자연이 의도한 대로 씨앗은 멀리 흩어졌다. 2주 뒤면 흙을 밀고 올라오는 새로운 싹을 볼 수 있었다. 문명이 비슷한 일을 해서 그들 자신을 멸종으로부터 보호할 수 있지 않을까? 어쩌면 외계 문명이 이미 시도하지 않았을까? 그리고 이것이 우주에서 생명을 보존하는 또 한 가지 방법이 될 수 있지 않을까?

태양의 중력만으로 설명할 수 있는 경로에서 오무아무아가 약간 벗어난 것을 기억하라. 다른 무언가가 오무아무아를 밀어냈다. 그리고 나는 이 다른 무언가가 외계 빛의 돛에 가해지는 태양광의 힘이라고 가정했다. 그러나 이 목적을 위해 최적으로 설계되었다고 가정해도 그 편차는 아주 조금이었다. 그 이유는 빛의 돛 우주선이 태양 반지름의 10배(이것은 우리가 지금까지 우주선을 태양 가장 가까이 보낸 거리로 태양의 코로나를 연구하기 위해 2018년에 발사한 로봇 우주선 파커 태양탐사선이 달성했다) 거리에서 출발한다 해도 태양의 힘으로는 빛의 1,000분의 1 속도까지 가속하는 것은 거의 불가능하기 때문이다. 우리가 지구 생명체의 씨앗을 전 우주에 충분한 숫자로 퍼뜨릴 만큼 추진하기 위해서는 훨씬 더 큰 힘, 즉 우리 태양의 복사보다는 초신성 속의 항성 폭발과 비슷한 힘이 필요할 것이다.

폭발하는 별은 한 달 동안 10억 개의 태양이 비추는 것과 같은 광도를 가질 것이다. 1㎡ 당 0.5g 미만의 빛의 돛이 그런 폭발 때문에 추진되면, 비록 폭발하는 별에서 지구와 태양 사이의 거리의 100배만큼 떨어진 곳에 있더라도 빛의 속도에 도달할 수 있다. 이와 같은 광도는 우리의 민들레 우주선이 현재는 꿈의 영역인 우주의 영역에 도달하게 할 것이고, 따라서 생명의 씨앗이 집을 찾을 수 있는 행성의 수를 극적으로 늘릴 수 있을 것이다.

이것이 실제로 어떻게 작용할지 상상하기 위해 태양의 500만 배 광도를 가진 거성 에타 카리나이 근처에 사는 문명을 상상해 보라. 생명의 연속성을 보장하기 위해 그 문명은 최소한의 비용을 들여 돛을 빛의 속도로 쏘아 올릴 수 있도록 폭발이 일어날 때까지 별 주위에 수많은 빛의 돛을 세워두고 기다리는 영리함을 발휘할 수 있을 것이다.

그 문명은 인류가 아직 다다르지 못한 경지의 인내나 소비가 가능할 것이다. 거성들은 수백만 년 동안 살며 그들의 정확한 폭발 시기는 예측하기 어렵다. 예를 들어 에타 카리나이도 수백만 년의 수명을 가지고 있다. 그것의 죽음을 1,000년 단위로 예측하는 것은 누군가가 평균 수명에 근접한 후 1년 이내에 죽을지를 예측하는 것과 맞먹는다.

그 문명은 또한 인류가 결코 해낸 적 없는 수준까지 먼 미래를 미리 계획해야 할 것이다. 그 문명의 빛의 돛은 값싼 화학 로켓을 사용하여 폭발 훨씬 전에 노화된 별 주위의 목적지로 운반될 수 있지만, 그런 원시적인 추진 방식을 사용하는 여행은 수백만 년이 걸릴 수 있다.

그러나 현재로선 선견지명과 인내가 가장 큰 걸림돌이

게성운은 약 6,000광년 떨어진 지구에서 1054년 관측된 폭발한 초신성의 잔해다. 잔해 중심 가까이에는 중성자별인 게 펄서가 1초에 30번 회전하며 등대처럼 맥동한다. 이와 같은 폭발은 빛의 돛이 우주 가장 멀리까지 도달하도록 추진하는 데 이용될 수 있다. ESO

다. 필요한 기술은 어마어마해도 성취할 수 있다. 우리는 스타샷 모형에서 돛이 너무 많은 열을 흡수해서 불타 버리지 않도록 반사율을 높여야 한다는 것을 알고 있다. 또한 어떻게 하면 폭발 전에 밝은 별빛에 떠밀리는 위험을 피할 수 있게 우주선을 만들 수 있을지도 예상할 수 있다. 그리고 항성 파편이 흩어져 있는 경로로 가속되는 것을 막기 위해, 또 손상과 마찰을 최소화하고 우주선의 수를 크게 증가시키기 위해 이 우주선을 우산처럼 접어서 바늘과 같은 구조가 될 수 있게 설계해야 한다.

그것은 한 문명의 가장 훌륭한 위험 회피 대책이 될 것이다. 상상컨대 숫자가 수조에 이르는, 생명체의 구성 요소를 보존하기 위해 만들어진 이 작은 빛의 돛 우주선은 피할 수 없는 운명을 기다리는 늙은 거성으로부터 엄청난 거리를 씨앗처럼 휴면 상태로 날아가 내려앉을 수 있다. 비록 그들을 그곳으로 보낸 문명이 예정된 초신성이라는 거대 필터를 통과하지 못했다 하더라도 별은 생명이 연속될 가능성을 민들레 홀씨처럼 우주로 흩뿌리게 될 것이다.

물론 그런 인내심이 꼭 필요하지는 않다. 인류는 이미 강력한 레이저를 사용하여 태양보다 훨씬 더 효과적으로 빛의 돛을 성간 우주로 밀어내는 기술을 실현할 수 있다. 이것이 바로 스타샷의 핵심 제안이다. 1㎡ 당 1GW의 전력을 생산하는 레이저 광선은 지구에 비치는 태양광보다 1,000만 배 더 밝으며 빛의 돛을 빛의 수십 분의 1 속도로 쏘아 보낼 수 있다.

당연히 여기에 대규모 투자가 필요하다. 하지만 우리가 외톨이가 아니라는 것, 우주에 존재했던 문명 중 가장 진보한 문명이 아니라는 것을 알게 되는 순간 우리는 지구의 생명체를 보존하는 데 쓰일 수도 있었을 비용보다 더 많은 자금을 모든 생명체를 파괴하기 위한 수단을 개발하는 데 들였다는 사실을 깨닫게 될 것이다. 우리는 오무아무아의 내기에 직면하게 되면 인류의 존속에 비용을 들일 가치가 있다고 결론을 내릴지도 모른다.

* * *

현재 우리는 모든 달걀을 한 바구니, 즉 지구에 담아 두고 있는 셈이다. 결과적으로 인류와 인류 문명은 재난에 극도로 취약하다. 우리는 유전 물질의 복사본을 우주를 통해 퍼뜨려 그러한 위험으로부터 보호받을 수 있을 것이다. 이 노력은 인쇄기의 발명으로 요하네스 구텐베르크가 성경의 사본을 대량 제작하여 유럽 전역에 배포할 수 있게 된 혁명과 유사할 것이다. 책의 사본이 많이 만들어지자마자 모든 책이 귀중한 존재라는 유일성을 잃어버렸다.

같은 방식으로 우리가 실험실에서 합성 생명을 생산하는 방법을 배우는 즉시 '구텐베르크 DNA 프린터'는 다른 행성의 표면에 있는 원료로 인간 게놈의 복사본을 만들기 위해서 뿌려질 수 있다. 우리 종의 유전자 정보를 보존하기 위해 필수적인 단일 사본은 따로 없을 것이다. 반대로 유전자 정보는 여러 사본에 담겨 있게 될 것이다. 내가 이 글을 쓰는 동안에도 하버드 대학 등에서 연구하는 동료들은 삶을 창조하는 기적을 일상의 대열로 옮기기 위해 열심히 일하고 있다. 물리학이 우주를 지배하는 법칙을 푸는 실험실 실험으로부터 많은 이득을 얻었듯이, 이 과학자들은 실험실에서 합성 생명을 만들고 생명을 낳을 수 있는 많은 화학적 경로를 분석하고 있다. 예를 들어 노벨상 수상자인 잭 쇼스택이 이끄는 쇼스택 연구소는 1859년 찰스 다윈이 개괄한 메커니즘에 따라 진화하고, 자기 복제하고, 유전 정보를 보존하는 합성 세포 시스템을 만들고 있다. 쇼스택과 연구 팀은 복제와 변이를 할 수 있는 원세포를 만드는 데 초점을 맞추고 있는데, 이는 원세포가 진화할 수 있어야 한다는 것을 의미한다. 쇼스택과 연구 팀은 원세포 개발이 유전적으로 부호화된 촉매와 구조화된 분자의 자발적인 출현으로 이어지기를 희망한다.

만약 원세포가 개발된다면 그 성과는 생명이 어떤 조건

에서 나타날 수 있는지를 보여 주어 천문학적으로 생명을 찾는 우리를 가장 적합한 천체들로 인도할 것이다. 하지만 그보다 생명체로서의 우리 자신에 대해서 더 많은 것을 가르쳐 줄지도 모른다. 그리고 그 과정에서 우리에게 매우 필요한 겸손도 줄 것이다.

요리책에는 같은 재료를 가지고서도 이 재료들이 섞이고 가열되는 시간과 방법에 따라 다른 케이크를 만드는 요리법들로 가득하다는 것을 명심하라. 어떤 케이크는 다른 것보다 훨씬 더 맛있다. 지구라는 임의의 환경에서 나타난 지구적 생명체가 최적이라고 기대할 이유는 없다. 더 나은 케이크를 만드는 다른 길이 있을지도 모른다. 인류가 실험실에서 합성 생명을 생산할 것이라는 전망은 우리 자신의 기원에 대한 흥미로운 의문도 제기한다. 우리는 오로지 지구상에서 진화해 온 결과인가? 아니면 대학 실험실에서 원세포가 개발되고 있는 것처럼 우리도 도움의 손길을 받았을까?

* * *

1871년 영국 과학 진흥 협회 앞에서 한 연설에서 많은 책을 쓴 물리학자이자 수학자인 배런 켈빈은 운석 여행이라는 방법으로 생명체가 지구에 올 수 있었다고 제안했다. 이는 켈빈의 독창적인 생각이 아니었다. 고대 그리스인들도 이 아이디어를 품고 있었고 켈빈이 연설하기 수십 년 전 다른 유럽 과학자들도 그 가능성을 자세히 검토했다. 그러나 켈빈의 아이디어는 1871년 협회에서 발표한 직후인 19세기에는 관심을 끌었으나 다음 한 세기 동안 무시되었다.

하지만 지난 20년 동안 생명체가 운석, 혜성 또는 우주 먼지를 통해 거주 가능 행성에 도달할 수 있다는 판스페르미아panspermia설(범종설, 배종 발달설, 포자 범재설이라고도 한다. - 옮긴이)이 더욱 엄격한 관심을 받아 왔다. 과학 연구가 지구에서 발견된 특정 운석이 화성에서 기원했다는 가설을 확증했기 때문이다.

일단 화성 운석을 찾기 시작하자 더 많은 운석을 발견하게 되었다. 우리는 1984년 남극에서 발견된 앨런힐스 운석ALH84001이 화성 표면에서 분출된 후 섭씨 40도 이상으로 가열된 적이 없다는 사실을 알게 되었다. 지금까지 이렇게 화성에서 온 착륙선이 100개가 넘게 확인되었다. 만약 붉은 행성에 생명체가 존재했다면, 분명히 지구에 도달하여 살아남을 기회가 있었을 것이다.

여기에 약 40억 년 전까지만 해도 지구는 거주 불가능한 곳이었다는 과학적 합의가 있어 흥미를 돋운다. 그런데도 우리는 38억 년 전까지 거슬러 올라가는 생명체의 증거를 발견했다. 과학자들은 다윈적 진화가 어떻게 그렇게 빨리 DNA를 기반으로 한 생명체를 만들어 낼 수 있었는지 묻는다. 우리는 지구 생물학을 통해 생명이 자기 보존적이라는 것을 알고 있다. 생명의 지속성을 증가시키는 선택적이고 자발적인 적응은 다윈 생물학의 기반이다. 생명의 목표는 생존이고 이는 번식을 의미한다. 생명체가 판스페르미아를 통해 확산하고 생존을 보장한다는 것은 얼마나 그럴듯한가?

2018년 나는 박사 후 연구원 이단 긴스버그Idan Ginsburg와 마나스비 링검과 함께 〈은하 판스페르미아〉라는 논문을 발표했다. 이 논문은 우리 은하 안 행성계에 의해 포획될 수 있는 암석이나 얼음 물체의 총수를 추정하기 위한 분석 모형을 제시했다. 만일 그것들이 생명을 품고 있다면 판스페르미아의 결과를 낳을 수도 있다.

우리는 먼저 우리가 화성인이 될 수 있는지부터 고려했다. 지구 생명체가 화성 생명체의 후손이 되려면 그 붉은 행성에 소행성이나 혜성이 부딪혀서 물질이 행성 간 공간으로 분출되고, 그 물질이 지구로 향해 가야 한다. 그리고 결정적으로 탑승한 모든 생명체는 발사와 착륙뿐만 아니라 행성 간 항해에서도 살아남아야 한다.

실제로 화성은 존재해 온 수십억 년 동안 사람보다 큰 우주 파편에 수조 번 부딪혔다. 대부분의 충격에서 발생한 온도와 압력은 분출된 바위에 어떤 생명체의 구성 요소가 달라붙는다 해도 확실히 죽일 수 있을 정도였다. 그러나 화성에서 온 앨런힐스 운석처럼 일부 분출 물질은 물이 끓는 온도를 초과하지 않아 일부 미생물이 살아남을 수 있었다. 이는 화성 생명체가 존재한다면 이 부드러운 충격 때문에 우주로 던져진 바위 위에서 여전히 살아 있었으리라는 것을 의미한다. 과학자들은 화성에서 생명체가 생존할 수 있을 만큼 낮은 온도로 방출된 파편이 수십억 개라고 추정한다.

하지만 화성에서 방출된 미생물이 살아남는다고 해도 여행에서도 살아남을 가능성은 얼마나 될까? 이에 대해 활발한 논쟁이 있었다. 특히 자외선이 박테리아에 얼마나 치명적인지가 논쟁의 중심이 되었다. 하지만 자외선과 이온화에 극도로 내성을 가진 내방사선 박테리아가 발견되었고, 이러한 변종들은 여행에서 살아남을 수 있다(사실 일부 지구 박테리아는 자외선과 방사선에 매우 극단적 내성을 보여서 화성에서 기원한 것 같기도 하다). 게다가 운석이나 혜성이 자외선을 막아 줘서 그 속에 있는 박테리아의 생존 가능성이 증가한다고 가정하면 이러한 암석 차폐물은 몇 센티미터 정도의 두께로도 충분하다. 그리고 다른 연구들은 고초균 박테리아 포자가 우주에서 6년 동안 생존할 수 있다는 것을 증명했다. 어떤 박테리아들은 수백만 년 단위로 측정해야 할 만큼 엄청나게 긴 시간 동안 살 수 있다. 게다가 과학자들은 해로운 방사능으로부터 유기체를 보호할 수 있는 생체막으로 자신을 둘러싸는 박테리아 군집을 가정해 왔다.

대학생 아미르 시라즈Amir Siraj와 나는 한 논문에서 지구의 대기에 떠다니는 박테리아가 해수면으로부터 겨우 50km 위를 스쳐 지나간 뒤 태양계를 탈출하는 물체에 의해 퍼 올려질 수도 있다고 계산했다. 이렇게 성간 우주를 튀어 다니는 물체는 카푸치노 꼭대기의 거품을 통과하는 숟가락과 비슷하며, 바로 이 한순간으로 인해 지구상의 생명체들이 계속 그 물체에 거주하게 될 것이다. 우리는 지구의 일생에서 이러한 '숟가락' 수십억 개가 지구 대기를 휘저어 왔다는 것을 발견했다.

박테리아가 여행에서 살아남았을까? 전투기 조종사들이 10G 넘는 가속도에서 살아남기 힘들다는 것은 잘 알려져 있다. 여기서 G는 우리를 지구와 묶는 중력 가속도다. 하지만 지구를 스치는 물체들은 **수백만**G의 가속도로 미생물들을 퍼 올릴 것이다. 그 충격 속에서도 미생물들은 살 수 있을까? 그럴 수도 있다. 고초균, 대장균, 데이노콕쿠스 라디오두란스(지구상 생명체 중 방사선에 대한 내성이 가장 높은 미생물. X선으로 살균된 고기 통조림에서 처음 발견됨. -옮긴이), 예쁜꼬마선충, 파라콕쿠스 데니트리피칸스(초중력 조건하에서 증식이 가능한 박테리아. -옮긴이) 같은 미생물들은 그보다 겨우 한 자리 낮은 중력 가속도에서도 살아 있는 것으로 드러났다. 밝혀진 바에 따르면 이 작은 우주 비행사들은 인간 중 가장 뛰어난 조종사들보다도 우주여행을 하기에 훨씬 더 적합하다. 그들이 탄 물체가 화성의 앨런힐스 운석처럼 내부 깊숙이까지 과열되지 않으면 지구 표면에서의 충격에서도 살아남을 수 있다.

이 데이터는 우리가 화성 출신일 가능성을 무시할 수 없게 한다. 우리가 이보다 더 이색적일 수 있을까? 화성을 경유했든 아니든 지구상 생명체의 진정한 원천이 성간이거나 은하 간일 수 있을까? 그렇다. 판스페르미아의 생존 가능성을 엄격하게 분석을 한 후 나와 동료들은 은하를 생명체를 가진 물체들로 포화 상태에 이르게 하는 파라미터 구간이 있다는 것을 알아냈다. 속도가 더 낮은 물체일수록 행성의 중력에 의해 포획될 가능성이 더 높고, 일부 박테리아는 수백만 년 동안 생존할 수 있다는 확립된 사실을 고려하면 생명체가 행성에 충돌할 확률은 상당하다고 추정했다. 실제로 우리는 우리 은하의 중심에 중력 산란 현상을 배치하여 그 중심에서 암석 물질이 은하 전체에 씨를 뿌릴 정도로 빠른 속도로 분출될 수 있다고 예측했다.

그 씨앗들을 박테리아로 제한할 필요가 없다. 바이러스도 다윈적 진화가 가능하며 특정한 바이러스들은 충분히 내 구성이 있다는 것을 증명했다. 심지어 더 복잡한 생명도 여행을 견딜 수 있다. 실제로 북극 영구 동토층에서 발견된 두 마리의 회충은 3만에서 4만 년 동안 지속된 저온 생물태 cryobiosis(저온에서 신진대사 과정이 멈추는 상태)에서 되살아났다. 유기체가 행성 간 항해에서 맞닥뜨릴 수 있는 이런 종류의 상태와 시간 경과에서 살아남을 수 있다면, 자신이 화성인의 후손이 아니라고 말할 수 있는 사람이 누가 있겠는가?

여기서 오무아무아 내기에 제대로 내건 판돈은 즉시 배당금을 지불받을 수 있다. 우리가 이미 외계 지성체의 증거를 보았다는 내기는 우리의 질문들과 프로젝트들 모두 변화시킨다. 자연적으로 발생하는 판스페르미아설의 확률을 높이기 위해 방금 취한 모든 과학적 왜곡은 우리가 **의도된** 판스페르미아설을 받아들이면 간단해진다는 사실을 생각해 보라. 어떻게 생명체가 행성에서 안전하게 방출될 수 있을까? 생명체가 스스로 방출하면 된다. 어떻게 생명체가 행성과 은하 사이를 이동하는 동안 우주의 장해로부터 보호받을 수 있을까? 그 목적에 맞게 로켓을 만들면 된다. 어떻게 은하들 사이의 극도로 긴 여정에서 생명체가 확실히 살아남도록 배양하고 보존할 수 있을까? 로켓을 그 목적에도 맞게 만들면 된다.

* * *

우리가 오무아무아의 내기에 어떻게 반응하느냐에 많은 것들이 달려 있다. 가장 안전한 판돈은 그 물체를 특이한 바위로 간주하고 우리의 친숙한 사고 습관을 고수하는 것이다. 하지만 그렇게 많은 것이 걸려 있는데 안전한 판돈으로는 그 많은 것을 얻을 수 없다.

만약 우리가 오무아무아가 진보한 외계 기술의 일부분이라고 과감히 주장한다 해도 잃는 것 없이 얻는 것만 있을 뿐이다. 그리고 그 낙관적인 판돈은 우리에게 생명의 징후를 찾기 위해 우주를 방법론적으로 탐색하도록 자극하든 아니면 더 야심 찬 기술 프로젝트를 수행하게 하든 우리 문명이 완전히 뒤바뀌는 영향을 미칠 수 있다. 만약 인류가 수백만 년 단위로 측정할 수 있는 비전을 추구하며 생각, 계획, 건설할 수 있다면 우리는 폭발하는 별에서 나오는 섬광을 이용하여 우주의 생명체가 광대한 시간과 공간을 건너는 도전을 극복할 수 있다고 확신하게 될지도 모른다. 이 친숙한 기술을 이런 식으로 생각해 보면, 태양광에 튕겨 나가는 빛의 돛은 민들레 홀씨의 날개가 바람에 날려 비옥한 신천지로 가는 것과 똑 닮았다.

그런 면에서 우리는 실험실에서 기원한 생명으로 되돌

아가게 된다. 오무아무아의 내기에 좀 더 조심스럽게 접근한다 해도 이 놀라운 성취는 단지 생물 의학 연구에 끼친 영향만으로도 기념비적이다. 오무아무아의 내기에 더욱 야심 차게 접근한다면 실험실에서 합성 생명을 창조하는 것은 잠재적으로 지구 생명체가 거대 필터를 통과하고, 심지어 필연적으로 다가올 태양 폭발 이후에도 살아남을 수단이 된다.

만약 우리 문명이 대담하고 오래 지속한다면 우리가 결국 우주로 그리고 본질적인 측면에서 현재 우리 영역과 비슷한 우주의 새로운 지역으로 이주할 것이라는 점에는 의심의 여지가 없다. 그렇게 해서 우리는 선조들의 전철을 밟을 것이다. 지구에서 고대 문명이 강둑을 찾아 이주했듯이 진보한 기술 문명은 거주 가능한 행성에서부터 은하단까지 우주 전체에 걸쳐 자원이 풍부한 환경을 찾아 이주할 것이다.

하지만 우리 문명을 포함한 어떤 문명도 이주를 계획하고 준비하는 동안 자신의 행성을 보존할 만큼 똑똑하지 않으면 별들 사이로 이주하는 데까지 도약할 수는 없을 것이다. 그리고 그런 도약은 인류가 모래알에 달라붙어 있는 개미처럼 지구상 생명체의 유일성에 매달리는 동안에는 성취할 가능성이 적다.

13장 특이점

*

오무아무아는 외계 기술 장비다. 이것은 사실이 아니라 가설이다. 모든 과학적 가설과 마찬가지로 데이터와 대조, 검증될 날을 기다리고 있다. 그리고 과학에서 흔히 그렇듯 우리가 가지고 있는 데이터는 확정적이지는 않지만 상당하다.

우리가 이미 얻은 것 이상으로 오무아무아 또는 유사한 물체들에 대한 추가 데이터를 얻을 가능성이 있을까? 지난번 봤을 때 오무아무아는 믿을 수 없을 정도로 빠르게 우리에게서 멀어지고 있었다. 우리의 가장 빠른 로켓보다 몇 배나 빨랐다. 물론 우리는 빛의 돛처럼 로켓보다 더 빠른 우주비행 기술을 개발할 수 있다. 아니면 기존 로켓으로 다음번에 우리를 향해 오는 오무아무아 같은 물체에 접근할 수도 있다.

그러한 물체 가까이까지 우주선을 발사한다면 우리는 그 표면을 촬영할 수 있을 것이다. 어떤 증거를 찾을 수 있을까? 그렇게 촬영된 것의 거의 전부가 우리가 현재 알고 있는 기술들의 정밀한 버전일 것이다. 제대로 된 영상에서는 크기, 형태, 구성, 밝기에 관한 더 많은 데이터를 얻을 수 있을 것이다. 나사가 항상 로켓에 미국 국기로 도장을 찍듯이 제조사의 분명한 표식이 있는지도 알 수 있을 것이다. 증거가 무엇이든 간에 나는 환영할 것이다.

* * *

오무아무아 같은 물체에 대한 추가 증거를 얻지 못하고 있는 이상 가지고 있는 데이터만으로 살펴야 한다. 그리고 우리가 가지고 있는 증거는 다음과 같은 반복되는 한 문장으로 요약될 수 있다.

그러나 오무아무아는 편차를 보였다.

오무아무아는 2017년 10월 19일 인류가 처음 발견한 작은 성간 천체다. 매우 밝고, 이상하게 돌고 있으며, 원반 모양일 가능성이 가장 높고, 눈에 보이는 가스 분출 없이 태양의 중력만으로 설명할 수 있는 경로에서 벗어났다. 유래한 시공간이 LSR라는 점을 포함한 그 모든 특성으로 오무아무아는 통계상 지독할 정도로 아웃라이어가 되었다. 오무아무아가 무작위 궤도에 있는 개체군의 일원이 되기 위해서는 다른 별 주위의 행성계에서 방출할 수 있는 것보다 훨씬 더 많은 고체 물질이 있어야만 한다. 하지만 만약 오무아무아가 극도로 얇거나 궤도가 무작위적이지 않다면 통계상 문제는 줄어들 수 있을 것이다.

과학계의 압도적 다수는 오무아무아가 자연적으로 발생하는 물체이며 특이하다 못해 이색적인 혜성이지만, 모든 특이성에도 불구하고 단지 성간 암석에 불과하다는 결론을 내렸다. 그러나 오무아무아는 편차를 보였다.

우리가 오무아무아에서 관찰한 각각의 이색적인 특징을 설명할 수 있는 자연 현상을 가정할 수 있는 것은 사실이다. 오무아무아가 독특한 바위였을 가능성은 통계적으로 대략 1조분의 1이다. 하지만 그러면 근처의 별 주위 행성계가 충분한 양의 물질을 방출하여 오무아무아 같은 물체를 공급하는 무작위 개체군을 만들어 내는 것은 더욱 어려워진다. 그 개체군은 이제 2I/보리소프와 같은 일반적인 성간 천체 형태를 만들어 내는 데 훨씬 더 많은 물질을 쓰게 되기 때문이다.

그 대안으로 이 데이터는 또 다른 가설을 허용한다. 오무아무아는 아마도 망가지거나 폐기된 외계 기술이었을 것이다. 이 데이터에는 이와 관련해 글을 쓴 거의 모든 사람이 과소평가하는 것이 있다. 인류가 단 몇 년 안에 오무아무아의 모든 특징을 구현한 우주선을 만들 수 있다는 사실이다. 다시 말해 오무아무아에서 관찰한 모든 특성을 가진 물체를 그에 대한 설명까지 하나로 잇는 가장 단순하고 명료한 선은 그것이 제조되었다는 가설이다.

대부분의 과학계가 이 가설을 불편해하는 이유는 오무아무아를 만든 것이 우리가 아니기 때문이다. 다른 문명이 그렇게 했을 가능성을 인정하는 것은 가장 중대한 발견 중 하나, 즉 우주에서 우리만이 유일한 지능이 아니라는 발견이 우리 태양계를 통과했을 가능성을 인정하는 것이다. 이는 우리에게 새로운 사고방식을 강요한다.

* * *

오무아무아에 대한 내 가설을 받아들이려면 무엇보다도 겸손이 필요하다. 그러기 위해서는 우리가 특별할지는 몰라도, 유일할 가능성은 거의 없다는 것을 받아들여야 하기 때문이다.

우리가 특별하다고 말하는 것은 문자 그대로의 뜻이 아니다. 우리가 별의 물질로 구성되었다는 것은 시적인 진리다. 덜 시적으로 말하자면 별들이 우리와 같은 물질로 만들어졌다고도 할 수 있다. 우주도 마찬가지다. 그 안에 있는 모든 것들은 빅뱅으로부터 나온, 밀도가 같은 물질과 방사선 수프에서 시작되었다. 그런데도 내가 신입생 세미나에서 학생들에게 말한 것처럼, 우리 모두가 같은 평범한 물질로 구성되어 있다는 것이 우리가 특별한 **사람**이 되는 것을 가로막지는 않는다. 훨씬 더 중요한 것은 우리를 이루는 물질로 된 조직이 수천 년을 거치면서 생명을 이루는 물질이 되었다는 점이다. 그리고 지금까지 우주에서 발견한 모든 것들과는 달리 우리만이 이렇게 조직적이다.

특별함과 **유일함**에는 큰 차이점이 있다. 코페르니쿠스는 처음 지동설을 제안하여 우주에 대한 개념에 독창적인 기여를 했다고 여겨진다. 지동설을 주장한 코페르니쿠스의 책은 1543년 그가 죽기 직전에 출판되었다. 친구였던 소수의 천문학자를 제외하고는 대부분 그의 책을 무시했다. 하지만 오늘날 우리는 태양 중심 체계의 기원을 코페르니쿠스까지 거슬러 올라가고, 우주에서는 지구도 인류도 보잘것없다거나 우주에는 유일하거나 특별한 장소가 없다는 원리를 설명할 때 그의 이름을 사용한다. 인류가 존재하는 이곳도 다른 모든 곳과 똑같다. 오늘날 우리는 코페르니쿠스 원리에 아이러니한 보론을 덧붙일 수 있다. 우주에 관한 이 기본적인 사실을 알아낸 종과 문명은 특별할 것이 없다. 우주의 다른 모든 문명도 마찬가지일 수 있기 때문이다.

만약 우리가 이 생각을 단순히 장난으로 즐기는 것이 아니라 진심으로 포용한다면, 우리는 놀라운 가능성을 마주하게 될 것이다.

마티아스 잴더리아가와 내가 인류 문명이 미터 전파 방출에서 많은 잡음을 발생시킨다는 것을 깨달았을 때, 우리는 다른 문명도 동일한 전파 대역에서 잡음을 발생시키는 것이 타당하다고 생각해 그 증거를 찾자고 제안했다. 에드 터너와 내가 태양계 가장자리에 갖다 놓은 허블 우주 망원경에서 도쿄가 보이리라는 것을 깨달았을 때, 우리는 다른 문명의 도시나 우주선으로부터 나올 비슷한 빛을 찾는 것이 타당하다고 생각했다. 비슷하게 박사 후 연구원인 제임스 기요숑과 함께 인류가 빛의 돛으로 추진되는 우주선을 보낼 수 있다는 것을 깨달았을 때, 우리는 다른 문명도 같은 깨달음을 얻을 수 있다는 것이 가능함을 알았다. 그래서 우리는 그러한 발사의 꼬리표가 되는 복사 광선에 대한 탐색을 제시했다.

같은 맥락에서 다른 문명에서 빛의 돛 우주선를 보내려는 모든 노력에는 스타샷의 출범과 거의 비슷한 과정이 선행되었을 것이라는 상상은 타당하다. 이는 (아직은 실제로 제작하지 않았지만) 우리 인류 자신이 빛의 돛 우주선을 설계하기 위해 착수했던 것 같은 프로젝트다.

나는 그들이 그 프로젝트까지 도달하기 위해 무엇을 겪었는지 이제는 알게 되었다고 생각하고 싶다. 그들 중 평화주의자들은 100GW 레이저로 움직이는 우주선이 빛의 속도의 몇분의 1로 외계 문명을 향해 돌진하는 것이 그 문명에 위협이나 심지어 선전 포고로 해석될 수 있다고 걱정했을지도 모른다. 그들 나름의 스타샷 자문위원회 의장은 내가 그랬듯이 그럴 위험은 극히 미미하다고 대답했을 것이다. 우선 외계 생명체의 특성이나 지능 여부를 따지기 전에, 그런 것이 존재하는지 않는지에 대한 지식도 우리에게는 없다. 만약 다른 생명체가 존재한다 해도 몇 그램짜리 우리 우주선은 눈에 띄지 않을 것이며, 일반적인 소행성 정도의 에너지를 가지고 있으므로 소행성으로 분류되기 쉬울 것이다. 그리고 우리의 작은 우주선으로 몇 광년 떨어진 행성을 겨냥해 맞춘다는 것은 완전히 비현실적인 일이다. 이것은 10억분의 1라디안이라는 각도의 정밀도가 있어야 할 것이고 수십 년 여행하는 동안 우리가 행성과 우주선의 상대적인 위치를 알 방법도 없다. 아니, 행성을 목표로 삼기는커녕 행성의 크기보다 수천 배 더 큰 궤도 지역에 접근하고 싶더라도 그 확률이 100만분의 1도 안 된다.

나는 그 문명의 공학자들이 프로젝트의 실현 가능성에 의문을 제기하는 상황을 상상할 수 있다. 성간 먼지 입자 또는 원자의 충격으로 우주선에 어떤 손상이 가해질 것인가? 그들의 이사진들은 내가 그랬듯이 고개를 끄덕였을 것이고, 몇 밀리미터만 코팅해도 우주선과 그 속의 카메라를 보호하기에 충분하다는 것을 증명하겠다고 말했을 것이다. 좀 더 낙관적인 공학자들은 감속 메커니즘의 부재를 한탄했을 것이며, 이는 내재한 제약 조건이라는 점이 정중히 지적되었을 것이다. 우주선이 도달할 거리를 생각하면 필요한 최소한의 무게와 스쳐 지나며 사진을 찍을 때의 속도 등만으로도 원대한 꿈이다. **원대한 꿈**이란 표현에는 많은 것이 담겨 있다. 아마도 이 사진들은 식물이나 바다, 심지어 문명의 흔적까지 우리가 보고 싶어 하는 모든 것을 우리의 가장 강력한 망원경이 먼 거리에서 볼 수 있는 것보다 더 가까이 보여 줄 것이다.

장담하건대 그 문명의 과학자들은 프로젝트에 관한 주장을 펼치면서 비용과 가치를 의심하는 재정적 보수주의자들과 직면했을 것이다. 그리고 노력의 배후에 있는 이사회는 스타샷 이사회가 지적했듯이, 규모의 경제가 실제로 놀랍다고 지적했을 것이다. 우리의 경우 나는 이렇게 말했다. 맞다. 레이저를 만드는 비용은 비쌀 것이다. 맞다. 이 행성 대기권 상공으로 빛의 돛 우주선을 올리는 데는 비용이 많이 든다. 그래도 우주선 자체는 저렴하다. 스타칩은 한 대당 수백 달러 정도밖에 들지 않는다. 이는 일단 비용이 많이 드는 투자가 이루어지면, 며칠마다 한 번씩 수천 개까지는 아니더라도 수백 개를 목표에 발사하는 것이 지극히 합리적임을 의미한다.

그러고 나서 멀리 있는 나에 해당하는 과학적인 지식과 겸허함으로 무장한 낙천주의자들이 그 모든 한계와 위험에도 불구하고 이 빛의 돛 우주선을 발사하는 것은 미래를 향한 또 한 번의 큰 도약을 의미한다고 지적하기를 바란다. 그리고 우리가 우리 태양을 바라보며 그랬듯이 외계인 과학자 중 많은 이들이 자신들의 별을 응시하며 그 노력을 축복했을 것이다. 우주의 규모에 자기 행성의 규모와 자기 태양계의 규모를 대비해 보고 경외감을 느끼면서 말이다. 그들은 이 빛의 돛이 별에 도달하는 다음 단계로 가기 위한 가장 실현 가능성 높은 수단이라고 결론지었을 것이다. 그리고 아마도 우리가 했던 것처럼, 그들도 자신들의 빠르게 움직이는 특이하게 생긴 빛의 돛 우주선이 언젠가 "성간 클럽에 오신 것을 환영합니다"라는 공지와 초대장으로 보이고 이해될 것이라는 상상을 하기도 했을 것이다.

* * *

인간의 완전한 평범함을 인정하려면 겸손과 더불어 상상력이 필요하다. 이 두 가지 특성은 거대 필터를 통과하는 데 반드시 필요한 능력이다. 하지만 또 다른 것도 필요하다. 오무아무아의 속성에 대한 가장 간단한 설명, 즉 그 속성은 복잡한 우연이 아니라 의도된 설계를 나타낸다는 설명을 기꺼이 즐기는 것이다.

이 책의 앞부분에서 나는 오컴과 그의 유명한 면도날을 언급했다. 즉 가장 단순한 해결책이 맞을 가능성이 높다는 경구다. 오무아무아든 아니면 다른 어떤 현상이든 변칙을 맞닥뜨리게 되면 우리는 그 면도날을 주워 들라는 충고를 받을 것이다. 이것은 내가 느끼기에 거만한 턱을 면도하는 데 쓰기 위한 날이다.

안타깝게도 단순함이 항상 유행하는 것은 아니다. "데이터에 대한 설명이 너무 평범해 보이지 않게 이론적 모형을 더 복잡하게 만들어야 할까요?" 내 박사 후 연구원들이 자기 프로젝트를 설명하는 자리에서 나온 질문이다. 그중 몇몇은 거의 완성 단계에 다다른 상태였다. 나는 처음엔 놀랐고, 그들이 왜 그러는지 설명을 듣고 나서는 오싹해졌다.

단순함의 미덕은 분명해야 하는 데 있다. 특히 천문학자들에게는 더하다. 결국 태양계를 설명하는 코페르니쿠스의 지동설의 힘은 단순함이었다. 코페르니쿠스가 학설을 뒤엎는 데 한몫한 당시 널리 퍼졌던 이론인 그리스 천문학자 프톨레마이오스의 천동설은 증거가 축적될수록 더 많은 곡선을 필요로 하는 고통이 있었다. 프톨레마이오스의 실패와 코페르니쿠스의 성공은 새내기 천문학자들이 가장 많이 듣는 일화 중 하나이다. 수 세기 동안 선생들이 학생들에게 설명해 온 과학자의 임무는 데이터에 대한 가장 간단한 설명을 찾고 그리스의 박식가 아리스토텔레스의 자만심을 피하는 것이다. 아리스토텔레스는 그 모든 천재성에도 불구하고 우주의 완벽함에 대한 욕구에 떠밀려서 증거를 무시한 채 행성과 별은 오직 완벽한 원에서만 움직일 수 있다고 선언했다. 아리스토텔레스의 실수는 수 세기 동안 의심의 여지가 없는 사실로 군림했다.

마찬가지로 20세기 후반 수십 년 동안 천체 물리학자들은 변수가 적은, 즉 **단순한** 초기 우주 모형에 회의적이었다. 데이터가 부족했다. 천체 물리학자들은 대부분 이 모형이 너무 순진하다고 결론지었다. 그러나 21세기에 접어들면서 우주가 실제로 가장 단순한 초기 상태에서 출발했다는 것을 증명하기에 충분한 데이터가 수집되었다. 데이터에 따르면 초기 우주는 균질성(어느 곳이나 동일)과 등방성(모든 방향에서 동일)을 지니고 있었다. 오늘날 우리가 발견하는 복잡한 구조들은 이러한 이상적인 조건에서 초창기부터 있었던 작은 편차로 인한 불안정한 중력 성장으로 설명될 수 있다. 이 간단한 모형은 현재 현대 우주론의 토대가 되었다.

이 모든 교훈적 이야기들을 고려하면 21세기 초 하버드 대학 박사 후 연구원 집단들이 그들의 연구에 복잡성을 **더해야** 하는지 크게 고민하고 있었다는 현실은 이해할 수 없는 일처럼 보일지도 모른다. 하지만 공정하게 말하면 그들에게는 그럴 만한 이유가 있었다.

오늘날 치열한 취업 시장에서 가장 중요한 단 하나의 과제는 학계 선배들에게 깊은 인상을 주는 것이다. 새내기 학자는 도전적인 수학적 복잡성으로 이어지는 긴 도출 식을 만들어 내야 한다고 느낄 수 있다. 한 박사 후 연구원이 나에게 말했듯이 "미래 직업을 위한 두 가지 방법, 즉 길고 복잡한 프로젝트와 짧고 통찰력 있는 논문 중에서 선택해야 하는 전략적 딜레마에 직면해 있다."

많은 원로 학자들은 연구를 미묘하게 만들어서 정밀 검토를 피하고 싶어 한다. 그들은 복잡성이 엘리트들의 상징으로 여겨지며, 많은 사람이 그에 따른 보상받는다는 것을 경험했다.

나는 연구와 조언을 통해 후배들에게 반례를 제시하려고 노력한다. 접근성이 좋은 간결한 통찰력은 학계를 자극하고 과학계의 후속 작업을 장려한다고 내 박사 후 연구원들에게 말해 준다. 나는 그들에게 간결하고 지성이 풍부한 연구가 그들의 직업 전망을 향상시킬 것이라고 믿도록 촉구한다.

그리고 연구를 명확히 해설하는 능력은 이해하는 것만 설명하고 모르는 것은 인정하는 데 달려 있다고 말해 준다. 그러나 후배들은 필연적으로 다음과 같이 답한다. "당신은 하버드 대학 천문학과 학과장이니까 그렇게 쉽게 말할 수 있죠."

정말 딜레마다. 나는 이러한 현실이 21세기 과학계에 미칠 영향이 두렵다. 과학계 내에서만이 아니다. 학계에서 복잡성을 위한 복잡성에 보상을 주면 재능과 자원이 일부 방향으로 쏠리게 된다. 이는 또한 학문이 스스로 규정한 엘리트들 사이에서만 고립되도록 조장해서 그들의 노력에 상당한 자금을 대는 대중의 이익을 무시하게 만들 수 있다.

이러한 현실은 심각한 문제로 학교 훨씬 바깥까지 결과가 파급된다. 왜 그런지 이해하기 위해서 오늘날 천체 물리학자들이 직면한 가장 큰 미스터리 중 하나인 블랙홀 과학에 대해 생각해 보자.

* * *

스타샷을 발표한 지 몇 주 지나지 않은 2016년 4월 나는 하버드 블랙홀 이니셔티브를 개관했다. 이는 블랙홀에 대한 학문 간 연구를 위한 세계 최초의 센터다. 이 두 행사의 시기는 매우 가까워서 유리 밀너, 프리먼 다이슨과 뉴욕 행사에 참석한 스티븐 호킹이 매사추세츠 케임브리지에서 내 동료들과 함께 블랙홀 이니셔티브의 목표를 발표할 수 있을 정도였다.

스티븐 호킹이 함께할 수 있었던 행운에 더해 블랙홀 이니셔티브의 출발은 또 다른 이유로도 다행이었다. 100년 전 독일의 천문학자이자 물리학자인 칼 슈바르츠실트가 알베르트 아인슈타인의 일반 상대성 이론에 대한 방정식을 풀었는데, 이 방정식의 해로 천문학적 증거가 있기 수십 년 전에 블랙홀의 존재 가능성을 증명했다. 그리고 100년이 지났지만 천문학자들은 여전히 사진을 찍지 못하고 있었다.

블랙홀 이니셔티브 개관식은 많은 이유로 기억에 남는다. 우선 이 역사적 프로젝트의 시작은 내가 천문학자로서 추구하던 목표였다. 즉 유망한 성냥을 모으기 위한 또 하나의 성냥갑이었다. 또 다른 이유는 블랙홀 이니셔티브는 내가 오랫동안 주장해 온 과학에 대한 학문 간 접근 방식을 대표하여 천문학뿐만이 아니라 수학, 물리학, 철학 등 각 분야의 학자들을 한 지붕 아래 모이게 했기 때문이다.

그러나 더 단순한 만족도 있었다. 개관 행사에는 사진사가 동석했는데, 그가 찍은 한 장의 사진에는 내 어린 딸 로템이 스티븐 호킹과 내 동료들과 함께 무대에 서 있는 모습이 담겨 있었다. 계획된 일은 아니었지만, 돌이켜 생각해 보니 로템은 그 자리에 꼭 있어야 하는 존재였다. 과학의 진보는 세대 간 노력이며, 인류의 진보로 인한 혜택은 수 세기에 걸쳐 축적된다. 오늘날 수천 개의 망원경이 이 지구에 점점이 흩어져 있고, 몇 개는 그 주위를 공전하고 있다는 것을 생각해 보라. 이 모두가 같은 하늘을 보기 위해 갈릴레오가 사용했던 망원경의 직계 후손이다.

나중에 우리 가족은 스티븐과 몇몇 동료를 유월절 저녁 식사에 초대했다. 블랙홀 이니셔티브가 세상에 발표되던 며칠 동안의 모든 연설 중에서 내게 가장 의미 있었던 것은 스티븐이 우리 집에서 했던 몇 분간의 짧은 연설이었다. 스티븐은 거실에 모인 사람들에게 말하면서 우리의 관심을 스타샷과 우주로 끌어당겼다. "바쁜 여행이었어요"라고 그는 말을 꺼냈다.

"지난주 뉴욕에서 아비와 나는 성간 우주에서의 우리의 미래에 관한 새로운 계획을 발표했습니다. 브레이크스루 스타샷은 광속의 20%에 도달할 수 있는 우주선 개발을 시도할 예정입니다. 그 속도라면 런던에서 여기까지 0.25초도 채 걸리지 않을 거예요. JFK 공항에서 세관을 통과하려면 더 오래 걸리긴 하지만요. 브레이크스루 스타샷이 개발하게 될 기술, 다시 말해 광선, 빛의 돛 그리고 지금까지 만들어진 것 중 가장 가벼운 우주선은 발사 후 20년 만에 알파 센타우리에 도달할 수 있을 겁니다. 지금까지 우리는 별을 멀리서만 관찰할 수 있었어요. 이제 처음으로 우리는 거기에 닿을 수 있습니다."[22]

스티븐의 말은 내 안에 계속 남아 있다. 그때가 그의 마지막 미국 방문이 되었기에 특히 그렇다. 스티븐은 우리 집 거실에서 "새로운 블랙홀 연구소를 지원하기 위해 곧 돌아오기를 희망합니다"라고 말했지만, 그로부터 2년도 채 되지 않아 프로젝트의 성공이나 꿈꿔 왔던 성간 탐험을 보지 못하고 세상을 떠났다.

이 무렵의 또 다른 발언들도 내 안에 남아 있다. 하지만 덜 행복한 이유 때문이다. 먼저 블랙홀 이니셔티브 콘퍼런스에서 한 철학자는 "일부 저명한 이론 물리학자들과 대화하면서 물리학계가 한 연구 프로그램에 10년 이상 동의한다면 그 연구는 정확한 것이 분명하다는 결론을 내리게 되었다"라고 말하면서 그의 강연을 마무리 지었다. 나의 즉각적인 회의론은 한 단어, 아니 한 이름인 갈릴레오를 떠올리게 했다.

갈릴레오는 망원경을 통해 본 뒤 "과학에서 1,000명의 권위는 한 개인의 겸손한 추론보다도 가치가 없다"라고 선언한 것으로 알려져 있다. 수 세기가 지난 후 아인슈타인도 같은 생각을 했다. 1931년 학자 28명이 일반 상대성 이론이 틀렸다고 선언하는 《아인슈타인에 대항하는 100명의 작가들》이라는 책에 글을 기고했을 때다. 알려진 바에 따르면 아인슈타인은 만약 자신이 틀렸다면 그 이론을 반증할 결정적인 증거를 가진 한 명의 저자로 충분했을 것이라고 했다.

블랙홀 이니셔티브의 전제 지침은 다양한 관점에서 문제에 접근하는 많은 사람의 추론에서 발생하는 상충하는 통찰력에 가치를 두는 것이다. 참가자들이 모두 약간 다른 문제들에 관심이 있다는 것이 장점이었다. 천문학자들은 블랙홀의 첫 이미지를 얻고 싶어 했다. 물리학자들은 블랙홀에 의해 물리 법칙이 어떻게 영향을 받는지에 대한 명백한 역설을 해결하는 데 초점을 맞췄다. 그리고 수학자들과 철학자들은 블랙홀의 중심에 있는 특이점의 본질과 안정성을 알아내기 위해 노력했다(특히 철학자들이 이 팀에 필수적이었는데, 정직한 철학자는 탄광 속 카나리아 역할을 맡아 지적 정직성이 침해될 경우 경고를 한다).

블랙홀 이니셔티브에 공통분모가 있다면 그것은 설명되지 않은 변칙과 블랙홀에 대한 질문을 더 잘 탐구하기 위한 데이터를 찾는 일에 갖는 흥분이었다. 그럼 그 질문이란 어떤 난제인가. 여기 짧은 목록이 있다.

블랙홀에 대한 주요한 변칙은 과학자들이 '정보 역설'이라 부르는 것이다. 양자 역학은 정보는 항상 보존된다고 주장하지만, 블랙홀은 정보를 흡수하고 순수한 열적 흑체(정보가 없는) 복사로 증발시킬 수 있다. 이는 스티븐 호킹이 입증한 현상이다. 블랙홀의 가장자리에서 물리 법칙이 무너지는가 아니면 다른 무언가가 진행되고 있는가?

블랙홀에 대한 또 다른 주요한 변칙은 블랙홀이 물질을 '사라지게' 하는 것 같다는 사실이다. 블랙홀로 끌어당겨진 물질은 어디로 가는가? 블랙홀의 중심에 모여서 밀도가 높은 물체가 될까, 아니면 멀리 떨어진 저수지로 물이 빠져나가는 것처럼 우리 우주를 빠져나와 다른 우주에 나타날까?

하지만 더 일반적인 질문은 이것이다. 블랙홀은 일반 상대성 이론과 양자 역학을 통합하는 방향으로 이끌 수 있는 통찰을 제공할 수 있을까? 아인슈타인은 마지막까지 이 이론에 대한 생각을 스케치했지만 이 엄청난 난제를 해결하지는 못했다. 스티븐 호킹 역시 블랙홀의 특성이 그 난제를 해결할 수 있을지에 대해 생각하면서 마지막 해를 보냈다. 두 사람의 지성조차도 그 문제를 해결하기에 역부족이었지만 많은 천체 물리학자와 우주론 학자는 아직도 도전하고 있다.

마지막으로 블랙홀 이니셔티브가 설립되었을 당시 천문학자들을 괴롭혔던 한 가지 문제는 변칙이라기보다 우리가 가진 증거들 사이의 명백한 공백이었다. 우리는 블랙홀의 존재와 성질을 확증하는 수십 년의 데이터를 가지고 있었지만 단 한 번도 사진을 찍어 본 적이 없었다.

2019년에 변화가 있었다. 블랙홀의 첫 번째 사진이 어떻게 찍혔는지 그리고 이 우주의 미스터리에 대한 연구를 지속하는 데 그렇게 중요한 증거를 인류가 어떻게 얻을 수 있었는지에 대한 이야기는, 신중하고 협력적인 증거 추구를 통해 이전에 성취되지 않았던 것을 어떻게 성취할 수 있는지에 대한 훌륭한 예이다. 이 놀라운 성취는 오무아무아를 종결된 사건으로 여기지 않는 사람들과 그것이 인류가 더 야심 찬 프로젝트에 판돈을 걸기에 충분한 도발이 되기를 바라는 사람들에게 인류가 함께 일했을 때 이룰 수 있는 상상할 수 없을 정도의 업적, 즉 다른 상황에서라면 불가능했을 연구, 발견, 기술 혁신 등도 상기시켜 준다. 가령 지구만 한 크기의 망원경을 만드는 일이다.

* * *

2009년 《사이언티픽 아메리칸》에 전 박사 후 연구원 에이버리 브로더릭Avery Broderick과 함께 기고한 글에서 우리는 지구만 한 크기의 망원경을 만드는 난제를 '야수를 잡는 일'이라고 불렀다. 우선 거리가 문제였다. 지구에서 가장 가까운 엄청난 질량을 가진 블랙홀 '궁수자리 A*'는 2만 6,000광년 떨어져 있다. 같은 해 《천체 물리학 저널》에 발표한 논문에서 우리가 처음 제안한 또 다른 목표이자 결국 촬영에 성공한 블랙홀 M87은 5,300만 광년 떨어져 있지만 훨씬 더 크다. 그런데도 그 거리에서 사진을 찍는 것은 달 표면에 있는 오렌지의 이미지를 포착하려는 것과 비슷했다.

그러므로 정말 큰 망원경이 필요했다. 더 정확하게는 전파 안테나를 지구 표면을 가로질러 연결하여 만들어지는 지구 크기의 간섭계였다. 이를 위해서는 전 세계 많은 장소에서 협업이 필요했다. 이 관측 작업은 블랙홀 이니셔티브 협력자 셰퍼드 돌먼Sheperd Doeleman이 이끌었고 사건의 지평선 망원경EHT(Event Horizon Telescope)이라는 별명이 붙은 결과물을 낳았다. 천체 물리학적 블랙홀은 그 정의상 스스로 빛을 발산하지 않는다. 사실 그 반대다. 블랙홀은 다른 모든 것들처럼 빛도 잡아먹는다. 하지만 일반적으로 블랙홀 주위를 소용돌이치는 물질은 전형적인 가스인데, 그 중력 때문에 뜨거워지며 빛을 발산한다. 그 빛의 일부는 중력을 벗어나고, 일부는 블랙홀에 흡수된다. 그 결과 빛이 빠져나가지 못하는 부분을 보여 주듯 빛의 고리로 둘러싸인 실루엣이 된다. 이것이 블랙홀의 뚜렷한 특성인 사건의 지평선, 즉 물질이 한 방향으로만 흐르는 구면 경계다. 그곳은 궁극적으로 감옥이다. 들어갈 수는 있지만 절대 나갈 수는 없다. 천체 물리학적 블랙홀은 사건의 지평선 뒤에 숨겨져 있다. 그래서 마치 라스베이거스에서처럼 지평선 안에서 일어나는 일들은 지평선 안에 머무른다. 어떤 정보도 새어 나가지 않는다.

그리고 이것이 바로 EHT가 하려던 일이었다. 블랙홀을 직접 관찰하고 그 실루엣을 촬영하는 것이다. 그 임무는 여러 해 동안 수행되었다. 블랙홀 이니셔티브가 2019년 4월 몇 주 동안 생성 데이터를 처리하는 데 도움을 주어 나온 이미지는 이제 학계뿐만 아니라 어디서나 볼 수 있을 정도가 되었다. 지구를 가로지르는 망원경이 있어야 하는 이 전 지구적 작업으로 만들어진 사진은 인류의 상상력에 전극을 꽂았다. 10년 전 브로더릭과 나는 거대 은하 M87의 블랙홀에 의한 결과라고 생각했던 것을 스케치했다. 그리고 이 스케치를 닮은 블랙홀의 실제 이미지가 주요 신문과 잡지의 1면에 실리는 것을 봤을 때는 특히 뿌듯했다.

이 성공과 세티에 관한 나의 연구 사이에는 분명한 연관성이 있다. 블랙홀 이니셔티브의 명백한 목표는 학계뿐만 아니라 일반 대중에게도 관심의 불꽃을 일으키는 것이다. 우리는 대중의 상상력을 사로잡기를 바라고, 사실 그래야 한다. 우리의 탐정 소설이 읽히도록 해야 한다. 이론과 데이터를 밀접히 연결하려는 우리의 노력이 충분히 이해시켜 모든 인류가 과학적인 성공을 축하할 수 있게 해야 한다. 우리는 오직 이런 방식으로만 현재와 미래의 난제들에 맞설 수 있는 밝고 포부로 가득 찬 정신을 충분히 함양할 수 있을 것이다.

과학자들은 또한 대중에게 글자 그대로 **빚지고** 있다. 우리는 대중의 자금 지원을 받고 있다. 대부분의 과학적 진보를 거슬러 올라가면 대체로 공공 세금으로 지급되는 정부 보조금에 이른다. 그러므로 직간접적으로 이익을 본 모든 과학자(이는 거의 우리 모두를 뜻한다)는 연구뿐만 아니라 연구에 사용한 방법까지 설명해야 하는 부담을 지게 된다. 우리 과학자들은 인류의 우주적 기원, 블랙홀, 외계 생명체의 발견과 같이 대중들이 공명하는 주제에 대한 가장 흥미로운 발견과 추측을 보고할 의무가 있다.

과학은 고립된 상아탑에 있는 엘리트들의 직업이 아니라 학력과 상관없이 모든 인간에게 유익하고 흥분되는 과업이다. 이는 천체 물리학자들의 관점에서 볼 때 특히 사실이다. 우주가 우리에게 던지는 질문들은 놀랍고 자극적이다. 그리고 겸손하기도 하다. 우리의 일은 우리가 태어나기 훨씬 전에 일어났던 사건들과 우리가 떠난 후에 존재할 사물들을 응시하는 것이다. 우리의 연구 주제들에 비해 우리에게 열린 시간의 창은 너무나 짧다. 그 귀중한 짧은 시간에 우리는 우주를 연구하고 그것의 미스터리와 역설에 대한 해답을 찾아내려 노력한다.

* * *

나는 과학에 신념과 희망을 걸었다. 평생 내 낙천주의는 즉각적인 보상을 제공해 왔다. 사실 아무 대가를 치르지 않고 무언가를 얻는, 과학의 탐정 작업의 단순하고 겸허한 실천으로 풍부한 보답을 얻는 이 경험은 나에게 끝을 생각하게 했다.

하버드 블랙홀 이니셔티브의 박사 후 연구원 폴 체슬러 Paul Chesler와 함께 물질이 블랙홀의 특이점에 근접할 때의 운명을 이론화했다. 우리는 양자 역학과 중력을 결합한 단순한 이론 모형을 통해 이 문제를 다루기로 했다. 그리고 모형의 수학적 함의를 조사하면서 그것이 시간의 역행 문제에도 적용된다는 것을 깨달았는데, 여기서는 물질이 수축하기보다 팽창한다. 이는 우리가 블랙홀로 들어가는 여행의 위험을 감수할 필요가 없음을 암시했다. 중력 조석이 우리를 찢어버리고 다시는 페이스북에 게시물을 못 올리게 될 것이 자명한 여행 대신에 아무 위험 없이 **팽창하는** 우주를 관찰할 수 있을 것이다. 즉 빅뱅이라는 초기의 특이점으로부터 시작된 주변의 모든 물질을 둘러볼 수 있다. 우리는 블랙홀의 특이점을 설명하는 방정식을 어떻게 우주가 가속 팽창을 하게 되었는지 알아내는 데도 사용할 수 있다는 것을 깨달았다.

사울이 아버지의 잃어버린 당나귀를 찾다가 우연히 왕국을 발견했다는 성경의 이야기처럼, 폴과 나는 전혀 다른 목표를 추구하다가 우연히 뜻하지 않은 통찰을 발견하게 되었다. 우리는 블랙홀을 더 잘 이해하기 위해 가속하는 우주를 설명하는 메커니즘을 밝혀냈다.

우리의 이론적 모형은 불완전하다. 미세 조정이 많이 필요하다. 모형을 자세히 이론화한 뒤에도 미래 데이터의 단두대를 통과할 만한 새로운 예측이 필요할 것이다. 그 연구의 일부 또는 전부가 과학의 다른 영역에서 유용한 것으로 입증될 수도 있다. 그리고 오무아무아의 방문의 여파로 나는 머릿속에서 떨칠 수 없는 한 생각을 하게 되었다. 그것 또한 내가 이 성간 방문자로부터 얻은 교훈이다.

내가 말했듯이 다른 문명과의 만남은 겸손하게 이루어질 수도 있다. 그리고 진보한 문명에서 배울 수 있는 모든 것을 고려하면 우리는 겸손하기를 **바라야** 한다. 그 문명은 의심할 여지없이 우리가 알아내지 못했고 어쩌면 질문조차 하지 않았던 많은 문제에 대한 답을 알고 있을 것이다. 하지만 우리가 지적인 신뢰를 얻기 위해서는 우주가 어떻게 탄생했는지에 대한 우리 자신의 과학적 지혜를 제공하면서 대화를 시작하는 편이 좋을 것이다.

결론

*

많은 과학자는 우리의 총체적인 탐정 연구가 거의 만장일치로 결론을 내린 후에야 대중에게 정보를 전달해야 한다고 주장한다. 이 동료들은 우리의 이미지를 좋게 유지하기 위해 신중함이 필요하다고 믿는다. 그렇지 않으면 대중이 과학자들과 과학적 과정을 의심하게 될 수도 있다고 추론한다. 사실 그런 의심은 심지어 과학자들 사이에 거의 만장일치로 결론이 났을 때도 생긴다. 그들이 자주 지적하듯이 기후 변화에 여전히 의문을 제기하는 소수의 대중을 생각해 보라. 그들은 과학의 위상을 잠식할 수 있는 논쟁에 발을 들여놓는 것은 너무 큰 위험이라고 걱정한다.

내 견해는 다르다. 나는 신뢰를 얻으려면 과학 연구가 많은 대중의 예상보다 더 평범하고 친숙한 과정이라는 것을 보여 줘야 한다고 생각한다. 동료 과학자들의 접근 방식은 과학을 엘리트들의 직업으로 보는 포퓰리즘적 시각에 기여하고 과학자들과 대중들 사이에 소외감을 조장하는 경우가 너무 많다. 그러나 과학은 접근할 수 없는 수단을 통해 철통같은 진실을 만들어 내는, 오직 현자만이 분배해 줄 수 있는 상아탑 속의 일이 아니다. 과학적 방식은 사실 배관공이 누출되는 파이프를 수리할 때 선택하는 문제 해결 방식과 같은 상식적 접근에 더 가깝다.

사실 나는 연구자들과 대중들이 과학의 관행을 여타 전문 분야의 관행과 크게 다르지 않다고 보는 데서부터 이익을 얻게 될 것이라고 생각한다. 우리 연구자들은 배관공의 막힌 파이프처럼 혼돈된 데이터에 직면하고 지식이나 경험, 동료들의 지혜를 이용해 가설을 제시한다. 그리고 가설들을 증거와 대조하여 시험한다.

현실은 자연에 의해 결정되기 때문에 과학적 과정의 결과는 실무자들이 정하는 것이 아니다. 과학자들은 가능한 많은 증거를 수집하고, 증거가 제한적일 때는 다양한 해석에 대해 논쟁함으로써 현실이 무엇인지 알아내려고 노력할 뿐이다. 미켈란젤로가 대리석 덩어리로 어떻게 그렇게 아름다운 조각들을 만들었는지 질문받았을 때 했던 말이 생각난다. "내가 작업을 시작하기 전에, 조각은 대리석 덩어리 안에서 이미 완성되어 있었다. 이미 그 안에 있으니, 나는 불필요한 재료를 끌로 긁어내기만 하면 된다." 마찬가지로 과학적 진보는 많은 가능한 가설 중에서 불필요한 가설을 제거할 수 있는 증거를 모으는 것이다.

그릇된 아이디어 중 일부를 버려야 했던 경험에서 겸손을 기른다. 우리는 실수를 모욕으로 받아들일 것이 아니라 새로운 배움의 기회로 받아들여야 한다. 결국 우리의 소박한 지식의 섬은 거대한 무지의 바다로 둘러싸여 있고, 근거 없는 신념이 아닌 증거만이 이 섬의 땅덩어리를 넓힐 수 있다. 천문학자들은 특히 겸손에서 영감을 받아야 한다. 우주의 운행에 비해 우리가 얼마나 보잘것없는지 그리고 광범위한 모든 물리적 현상에 비해 우리의 이해가 얼마나 제한적인지와 마주해야 한다. 겸손하게 접근해야 하며, 우주에 대해 배우려고 할 때 우리 스스로가 아이들처럼 공공연한 실수를 저지르고 뻔한 위험을 무릅쓰게 해야 한다.

나는 오무아무아가 외계 기술일 수 있다는 가설을 진지하게 고려하는 것에 반대하는 동료들의 대열을 보면서 종종 궁금해졌다. 우리의 어린 시절 호기심과 순수함은 어디로 간 것일까? 세티에 대한 나의 (아직은) 가장 대중적인 연구의 결과로 받게 된 각종 언론의 폭풍 같은 관심 속에서 나는 단순한 생각에 사로잡히곤 했다. **만약 내가 언론의 요구에 답한 결과**

로 세계 어딘가에 있는 한 아이를 과학에 끌어들였다면 나는 만족할 것이다. 그리고 대중들이, 심지어 내 동료들까지도 내 특이한 가설을 기꺼이 받아들이게 한다면 훨씬 더 좋을 것이다.

* * *

이 책을 시작할 때 하버드 대학 학부생들에게 제시했던 사고 실험과 같은 맥락의 실험이 여기 하나 더 있다.

1976년 나사가 다른 행성에서 외계 생명체의 증거를 발견했다고 상상해 보라. 화성을 예로 들자. 나사는 탐사선을 붉은 행성에 보낸다. 이 탐사선은 토양 샘플을 분석하고 유기 물질을 발견한다. 그 결과는 '지구 생명체가 우주에서 유일한 생명체인가?'와 같은 궁극적인 질문에 명백한 답이 생기는 것이다. 과학계가 그 데이터를 발표하고, 대중들은 받아들인다.

결과적으로 그 뒤 40년 동안 인류는 지구 생명체가 특별하지 않다는 것을 이해하면서 매일의 활동과 과학적 탐험을 한다. 유기 물질이 화성에 존재한다면 다른 곳에도 존재한다고 통계적으로 거의 확신할 수 있기 때문이다. 이러한 사실을 이해하므로 새로운 과학적 사업과 도구를 평가하고 자금을 지원하는 위원회는 지구 너머의 생명체를 더 찾는 데

돈을 쓰기로 한다. 공적 자금이 새로운 탐험을 지원하기 위해 흘러든다. 교과서는 다시 쓰이고, 대학원 과정의 초점은 달라지고, 오래된 추측들에는 이의가 제기된다.

그리고 화성에서 유기 물질의 증거가 발견된 지 40년이 지난 지금 매우 밝고, 이상하게 회전하고, 원반 모양일 확률이 91%인 작은 성간 천체가 우리 태양계를 통과했고, 눈에 보이는 가스 분출 없이 태양의 중력으로 인한 경로에서 편차를 보이며 거리의 제곱에 반비례하는 척력으로 부드럽게 가속되었다고 상상해 보라.

이제 천문학자들이 이러한 변칙들을 이해할 수 있을 만큼 충분한 데이터를 얻었고, 몇몇 과학자들이 그 데이터를 연구해서 이 물체의 독특한 특징에 대해 가능한 설명 중 하나는 그것이 외계에서 발생한 것이라고 선언했다고 상상해 보라. 이 대체 현실에서 그러한 가설에 대한 전문가와 대중의 반응이 어떨 것으로 당신은 생각하는가?

외계 생명체의 증거에 익숙해져 40년을 보냈다면 세계는 이 가설을 오무아무아의 특이점을 설명하기 위해 제공되는 모든 특이한 시나리오 중에서 덜 이색적으로 보았을 것이다. 아마도 세계는 그 40년간 과학자들이 오무아무아를 탐지하고 연구할 준비를 잘 할 수 있게 지원했을 것이다. 이는 과학자들이 현실보다 더 이른 2017년 7월에 오무아무아를 탐지할 수 있게 했을 것이다. 그리고 이로 인해 우주선을 발사해서 이 특이한 물체를 만나고 근거리에서 표면 사진을 찍을 수 있는 충분한 시간이 있었을 것이다.

지금처럼 스타샷이 첫 번째 빛의 돛 우주선을 우주로 보내는 날짜를 기다리기보다는 20년 전에 발사된 바로 그 우주선으로부터 곧 데이터가 돌아오기를 기다리고 있을지도 모른다.

이 사고 실험에는 두 가지 목적이 있다. 첫 번째 목적은 우리가 우주가 제공하는 데이터는 통제할 수 없지만 그것을 찾고, 평가하고, 미래의 과학적인 작업을 재보정하는 방법은 통제할 수 있다는 점을 상기시켜 주는 데 있다. 우리가 선택할 가능성의 세계는 수집한 증거와 집단 지성이 생각하는 범위에 묶여 있으며, 우리의 아이들과 손자들이 어떤 세상에서 살지에 크나큰 영향을 미친다.

이 사고 실험의 두 번째 목적은 놓친 기회를 강조하는 것이다. 1975년 나사는 바이킹 1, 2호를 화성에 보냈다. 이 작은 탐사선들은 다음 해 화성에 도착했다. 이 탐사선들은 실험하고 토양 샘플을 채취해 분석했다. 그 모든 결과가 지구로 전송되었다.

탐사선 바이킹이 수행한 실험 중 하나인 '라벨 해제labeled release' 실험의 수석 연구원 길버트 레빈Gilbert V. Levin

은 그 실험이 긍정적인 결과를 냈으며, 이는 화성에 생명체가 존재한다는 증거라는 글을 2019년 10월 《사이언티픽 아메리칸》에 실었다. 화성의 토양에서 유기물을 찾는 실험을 고안한 레빈은 이 글에서 "우리가 그 궁극적인 질문에 답한 것 같다"[23]라고 썼다.

실험은 간단했다. 화성 토양에 영양분을 주입하고 그 토양에 그것을 음식으로 소비한 뭔가가 있는지 살펴본다. 바이킹은 그러한 소비가 만들어 내는 신진대사의 흔적을 감지할 수 있는 방사능 감시기를 갖추고 있었다. 게다가 바이킹은 알려진 모든 생명을 죽일 정도로 뜨겁게 흙을 가열한 후에 이 실험을 반복할 수 있었다. 만약 첫 번째 실험에서 신진대사의 증거가 있었고, 두 번째 실험에서는 아무것도 없었다면 이는 생물학적 생명이 작용했다는 것을 암시한다.

레빈에 따르면 바로 그런 실험 결과가 나왔다. 그러나 다른 실험들은 화성에서 생명체의 증거를 찾는 데 실패했다. 나사는 첫 번째 실험의 결과를 거짓 양성으로 여겼다. 그리고 그 이후 수십 년 동안 나사의 그 어떤 화성 착륙선도 그 실험의 뒤를 잇기 위한 도구를 싣지 않았다.

나사와 다른 우주 기관들은 과거 생명체의 흔적을 찾기 위해 고안된 탐사 로버rover를 화성에 착륙시킬 계획을 하고 있다. 적절하게도 나사의 탐사 로버는 셜록SHERLOC(Scanning Habitable Environments with Raman and Luminescence for Organics and Chemicals)으로 명명되었다. 우리는 모두 과학 탐정 작업이 멈칫거리기는 해도 계속된다는 사실에서 위안을 얻을 수 있다.

후기

2020년 9월 14일 지구 과학자들은 다른 행성의 대기에서 생명 지표의 흔적을 찾았다는 보고서를 처음으로 발표했다. 외계 생명체에 대한 이 새로운 잠재적 증거는 멀리 떨어진 별 근처에서 발견된 것이 아니었다. 오히려 오무아무아처럼 지구 바로 옆, 즉 우리 자신의 태양계 안에서 발견되었다.

잠정적이지만, 영국 카디프 대학의 제인 그리브스Jane Greaves가 이끄는 팀이 인화수소PH_3라는 화합물을 우리 이웃 행성인 금성의 구름에서 발견했다.[24] 밀리미터 파장에서 빛을 흡수하는 스펙트럼 지문을 탐색하던 그들은 표고 약 55km에서 이 기체의 징후를 감지했다. 현재 금성의 표면은 액체 상태의 물이 존재하기에는 너무 뜨겁다. 따라서 금성의 바위투성이 표면은 우리가 아는 한 생명체가 살기에 적합하지 않다. 하지만 그 높이에서는 온도와 압력이 지구 표면의 대기와 유사하다. 그러므로 금성의 대기 중에 떠 있는 액체 방울 속에 미생물이 살고 있을 가능성은 상당히 높아진다.[25]

지구에서 인화수소는 생명의 산물이다. 그리고 이 글을 쓰는 시점에서는 생명 외에 금성 대기에서 검출된 수준만큼 인화수소를 생성하는 대체 화학 경로는 확인되지 않았다.

이 잠재적인 발견은 정확히 3년 전에 오무아무아를 목격했을 때와 거의 마찬가지로 천문학계에 활기를 불어넣었다. 그때처럼 최초 발표에 의해 나의 연구 그룹은 수많은 계산에 관한 영감을 받았다. 예를 들어 마나스비 링검과 나는 금성 구름층에서 발견된 인화수소를 생산하는 데 필요한 미생물의 최소 밀도를 계산했는데,[26] 지구 공기 속에서 발견되는 미생물 밀도보다 더 높기는커녕 오히려 몇 자리 더 낮아도 된다는 것을 발견했다. 다시 말해 금성에서 그런 지표가 감지되기 위해서는 지구만큼이나 많은 생명이 있을 필요가 전혀 없는 것이다. 게다가 아미르 시라즈와 나는 행성을 스쳐 가는 소행성들이 지구와 금성의 대기 사이에 미생물을 공유시킬 수 있다는 것을 보여 주었다.[27] 이는 만약 실제로 금성에 생명이 있다면, 지구와 같은 조상을 가지고 있는지 시험해 볼 가치가 있다는 뜻이다.

오무아무아와 마찬가지로 금성의 인화수소는 새로운 발

견과 여정의 끝이라기보다는 시작이다. 앞으로 과학자들은 이 발견의 진실성을 확인하기 위해 더 많은 데이터를 얻는 한편으로 인화수소가 자연적으로 만들어지는 경로가 살아 있는 유기체 말고 또 있는지 확인해 볼 것이다. 생명에 대한 결정적인 증거를 얻으려면 탐사선이 물리적으로 금성을 방문해서 구름에 있는 물질을 떠낸 다음 그 시료 안에 미생물이 있는지 탐색할 때까지 기다려야 할 것이다. 쉽게 말해 탐정 일은 지금도 진행 중이다.

감사의 말

어린 시절 내내 나의 호기심과 경이로움을 지혜롭게 격려해 주신 부모님 사라와 데이비드, 그리고 조건 없는 지지와 사랑으로 내 삶을 가치 있게 만들어 준 나의 놀라운 아내 오프릿와 멋진 딸들 클릴과 로템에게 깊은 감사의 말을 전한다.

천문학자로서 일하는 내내 수십 명의 뛰어난 학생들과 박사 후 연구원들과의 협력으로 많은 혜택을 받았다. 그중 몇몇은 이 책에도 언급되었으며, 함께한 모든 이들은 내 웹사이트(https://www.cfa.harvard.edu/~loeb/)에서도 찾을 수 있다. 랍비 하니나가 《탈무드》에서 말한 것처럼 "나는 스승들에게서 많은 것을, 동료들에게서 더 많은 것을, 그리고 학생들에게서는 가장 많은 것을 배웠다."

이 책은 핵심 팀원들이 없었다면 결코 쓰이지 못했을 것이다. 특히 바쁜 연구 일정 속에서도 이 책을 쓰도록 설득해 준 저작권 대리인 레슬리 메레디스와 메리 에반스 그리고 이 저작 프로젝트에 넉넉한 지원과 조언을 준 편집자 알렉스 리틀필드와 조지나 레이콕, 또 비범한 전문성과 빛나는 통찰로 이 책의 소재를 모으고 조직해 준 토마스 르비엔과 아만다 문에게 감사한다. 또한 《사이언티픽 아메리칸》의 블로그 '옵저베이션'의 편집자인 마이클 리모닉에게 내 의견과 주장을 발전시키기 위한 귀중한 플랫폼을 제공해 준 데 감사한다.

이렇게 함께한 이들의 도움이 모여 나 스스로와 세상에 대해 무엇을 알고 있는지 배우게 되었다. 결국 우리가 발견할 우주의 지평선은 거기에 무엇이 있을지 상상하는 것에 의해 정해진다.

주석

1 International Astronomical Union, "The IAU Approves New Type of Designation for Interstellar Objects," November 14, 2017, https://www.iau.org/news/announcements/detail/ann17045/.

2 Marco Micheli et al., "NonGravitational Acceleration in the Trajectory of 1I/2017 U1('Oumuamua)," *Nature* 559 (2018): 223–26, https://www.ifa.hawaii.edu/~meech/papers/2018/ Micheli2018-Nature.pdf.

3 Roman Rafikov, "Spin Evolution and Cometary Interpretation of the Interstellar Minor Object 1I/2017 'Oumuamua," *Astrophysical Journal* (2018), https://arxiv.org/pdf/1809.06389.pdf.

4 David E. Trilling et al., "Spitzer Observations of Interstellar Object 1I/'Oumuamua," *Astronomical Journal* (2018), https://arxiv.org/pdf/1811.08072.pdf.

5 Man-To Hui and Mathew M. Knight, "New Insights into Interstellar Object 1I/2017 U1('Oumuamua) from SOHO/STEREO Nondetections," *Astronomical Journal* (2019), https://arxiv.org/pdf/1910.10303.pdf.

6 NASA, "Nearing 3,000 Comets: SOHO Solar Observatory Greatest Comet Hunter of All Time," July 30, 2015, https://www.nasa.gov/feature/goddard/soho/solar-observatory-greatest-comet-hunter-of-all-time.

7 Darryl Seligman and Gregory Laughlin, "Evidence That 1I/2017 U1('Oumuamua) Was Composed of Molecular Hydrogen Ice," *Astrophysical Journal Letters* (2020), https://arxiv.org/pdf/2005.12932.pdf.

8 Zdenek Sekanina, "1I/'Oumuamua As Debris of Dwarf Interstellar Comet That Disintegrated Before Perihelion," arXiv.org (2019),

https://arxiv.org/pdf/1901.08704.pdf.

9 Amaya Moro-Martin, "Could 1I'Oumuamua Be an Icy Fractal Aggregate," *Astrophysical Journal* (2019), https://arxiv.org/pdf/1902.04100.pdf.

10 Sergey Mashchenko, "Modeling the Light Curve of 'Oumuamua: Evidence for Torque and Disk-Like Shape," *Monthly Notices of the Royal Astronomical Society* (2019), https://arxiv.org/pdf/1906.03696.pdf.

11 Yun Zhang and Douglas N. C. Lin, "Tidal Fragmentation as the Origin of 1I/2017 U1('Oumuamua)," *Nature Astronomy* (2020), https://arxiv.org/pdf/2004.07218.pdf.

12 'Oumuamua ISSI Team, "The Natural History of 'Oumuamua," *Nature Astronomy* 3(2019), https://arxiv.org/pdf/1907.01910.pdf.

13 Michelle Starr, "Astronomers Have Analysed Claims 'Oumuamua's an Alien Ship, and It's Not Looking Good," *Science Alert*, July 1, 2019, https://www.sciencealert.com/astronomers-have-determined-oumuamua-is-really-truly-not-an-alien-lightsail.

14 Aaron Do, Michael A. Tucker, and John Tonry, "Interstellar Interlopers: Number Density and Origin of 'OumuamuaLike Objects," *Astrophysical Journal* (2018), https://arxiv.org/pdf/1801.02821.pdf.

15 Amaya Moro-Martin, "Origin of 1I'Oumuamua. I. An Ejected Protoplanetary Disk Object?," *Astrophysical Journal* (2018), https://arxiv.org/pdf/1810.02148.pdf; Amaya Moro-Martin, "II. An Ejected Exo-Oort Cloud Object," *Astronomical Journal* (2018), https://arxiv.org/pdf/1811.00023.pdf.

16 Eric Mamajek, "Kinematics of the Interstellar Vagabond 1I/'Oumuamua (A/2017 U1)," *Research Notes of the American Astronomical Society* (2017), https://arxiv.org/1710.11364.

17 Giuseppe Cocconi and Philip Morrison, "Searching for Interstellar Communications," *Nature* 184, no.4690 (September 19, 1959): 844-46, http://www.iaragroup.org/_OLD/seti/pdf_IARA/cocconi.pdf.

18 Adam Mann, "Intelligent Ways to Search for Extraterrestrials," *New Yorker* (October 3, 2019).

19 Jason Wright, "SETI Is a Very Young Field(Academically)," AstroWright (blog), January 23, 2019, https://sites.psu.edu/astrowright/2019/01/23/seti-is-a-very-young-field-academically/.

20 Silpa Kaza et al., "What a Waste 2.0: A Global Snapshot of Solid Waste Management to 2050," World Bank (2018), https://openknowledge.worldbank.org/handle/10986/30317.

21 Mario Livio, "Winston Churchill's Essay on Alien Life Found," *Nature* (2017), https://www.nature.com/news/winston-churchill-s-essay-on-alien-life-found-1.21467; Brian Handwerk, "'Are We Alone in the Universe?' Winston Churchill's Lost Extraterrestrial Essay Says No," SmithsonianMag.com, February 16, 2017, https://www.smithsonianmag.com/science-nature/winston-churchill-question-alien-life-180962198/.

22 2016년 4월 22일 호킹이 우리 집에서 한 짧은 연설은 다음에서 볼 수 있다. https://www.cfa.harvard.edu/~loeb/SI.html.

23 Gilbert V. Levin, "I'm Convinced We Found Evidence of Life on Mars in the 1970s," *Scientific American*, October 10, 2019, https://blogs.scientificamerican.com/observations/im-convinced-we-found-evidence-of-life-on-mars-in-the-1970s/.

24 Greaves, J. et al., "Phosphine Gas in the Cloud Decks of Venus," *Nature Astronomy* (2020), https://arxiv.org/ftp/arxiv/papers/ 2009/2009.06593.pdf.

25 Seager, S. et al., "The Venusian Lower Atmosphere Haze as a Depot for Desiccated Microbial Life: A Proposed Life Cycle for Persistence of the Venusian Aerial Biosphere," *Astrobiology* (2020), https://arxiv.org/ftp/arxiv/papers/2009/2009.06474.pdf.

26 Lingam, M., and A. Loeb, "On the Biomass Required to Produce Phosphine Detected in the Cloud Decks of Venus," *arXiv.org* (2020), https://arxiv.org/pdf/2009.07835.pdf.

27 Siraj, A., and A. Loeb, "Transfer of Life Between Earth and Venus with Planet-Grazing Asteroids," *arXiv.org* (2020), https://arxiv. org/pdf/2009.09512.pdf.

추가 자료

이 책에서 다룬 아이디어는 내가 이전에 발표한 글들에서 처음 소개되고 탐색된 것이 많다. 하이퍼링크가 포함된 목록은 다음 사이트에서 볼 수 있다.
https://www.cfa.harvard.edu/~loeb/Oumuamua.html
다음은 각 장에서 다룬 주제를 추가 보강해 주는 내 글들이다. 학술 저널 기사를 제공하는 모든 웹 페이지 주소URL는 아카이브arXiv로 연결되는데, 이곳의 논문들은 모든 이들이 볼 수 있도록 사전 출간된 것이다.

들어가면서

Loeb, A. "The Case for Cosmic Modesty." *Scientific American*, June 28, 2017, https://blogs.scientificamerican.com/observations/the-case-for-cosmic-modesty/.
—— "Science Is Not About Getting More Likes." *Scientific American*, October 8, 2019, https://blogs.scientificamerican.com/observations/science-is-not-about-getting-more-likes/.
—— "Seeking the Truth When the Consensus Is Against You." *Scientific American*, November 9, 2018, https://blogs.scientificamerican.com/observations/seeking-the-truth-when-the-consensus-is-against-you/.
—— "Essential Advice for Fledgling Scientists." *Scientific American*, December 2, 2019, https://blogs.scientificamerican.com/observations/essential-advice-for-fledgling-scientists/.
—— "A Tale of Three Nobels." *Scientific American*, December 18, 2019, https://blogs.scientificamerican.com/observations/a-tale-of-three-nobels/.

—— "Advice to Young Scientists: Be a Generalist." *Scientific American*, March 16, 2020, https://blogs.scientificamerican.com/observations/advice-for-young-scientists-be-a-generalist/.

—— "The Power of Scientific Brainstorming." *Scientific American*, July 23, 2020, https://www.scientificamerican.com/article/the-power-of-scientific-brainstorming/.

—— "A Movie of the Evolving Universe Is Potentially Scary." *Scientific American*, August 2, 2020. https://www.scientificamerican.com/article/the-power-of-scientific-brainstorming/.

Moro-Martin, A., E. L. Turner, and A. Loeb. "Will the Large Synoptic Survey Telescope Detect Extra-Solar Planetesimals Entering the Solar System?" *Astrophysical Journal* (2009), https://arxiv.org/pdf/0908.3948.pdf.

1장 탐색자

Bialy, S., and A. Loeb. "Could Solar Radiation Pressure Explain 'Oumuamua's Peculiar Acceleration?" *Astrophysical Journal Letters* (2018), https://arxiv.org/pdf/1810.11490.pdf.

Loeb, A. "Searching for Relics of Dead Civilizations." *Scientific American*, September 27, 2018, https://blogs.scientificamerican.com/observations/how-to-search-for-dead-cosmic-civilizations/.

—— "Are Alien Civilizations Technologically Advanced?" *Scientific American*, January 8, 2018, https://blogs.scientificamerican.com/observations/are-alien-civilizations-technologically-advanced/.

—— "Q&A with a Journalist." Center for Astrophysics, Harvard University, January 25, 2019, https://www.cfa.harvard.edu/~loeb/QA.pdf.

2장 농장

Loeb, A. "The Humanities of the Future." *Scientific American*, March 22, 2019, https://blogs.scientificamerican.com/observations/the-humanities-and-the-future/.

—— "What Is the One Thing You Would Change About the World?"

Harvard Gazette, July 1, 2019, https://news.harvard.edu/gazette/story/2019/06/focal-point-harvard-professor-avi-loeb-wants-more-scientists-to-think-like-children/.
—— "Science as a Way of Life." *Scientific American*, August 14, 2019, https://blogs.scientificamerican.com/observations/a-scientist-must-go-where-the-evidence-leads/.
—— "Beware of Theories of Everything." *Scientific American*, June 9, 2020, https://blogs.scientificamerican.com/observations/beware-of-theories-of-everything/.
Loeb, A., and E. L. Turner. "Detection Technique for Artificially Illuminated Objects in the Outer Solar System and Beyond." *Astrobiology* (2012), https://arxiv.org/pdf/1110.6181.pdf.

3장 변칙

Hoang, T., and A. Loeb. "Destruction of Molecular Hydrogen Ice and Implications for 1I/2017 U1('Oumuamua)." *Astrophysical Journal Letters* (2020), https://arxiv.org/pdf/2006.08088.pdf.
Lingam, M., and A. Loeb. "Implications of Captured Interstellar Objects for Panspermia and Extraterrestrial Life." *Astrophysical Journal* (2018), https://arxiv.org/pdf/1801.10254.pdf.
Loeb, A. "Theoretical Physics Is Pointless Without Experimental Tests." *Scientific American*, August 10, 2018, https://blogs.scientificamerican.com/observations/theoretical-physics-is-pointless-without-experimental-tests/.
—— "The Power of Anomalies." Scientific American, August 28, 2018, https://blogs.scientificamerican.com/observations/the-power-of-anomalies/.
—— "On 'Oumuamua." Center for Astrophysics, Harvard University, November 5, 2018, https://www.cfa.harvard.edu/~loeb/Oumuamua.pdf.
—— "Six Strange Facts About the First Interstellar Visitor, 'Oumuamua." *Scientific American*, November 20, 2018, https://blogs.scientificamerican.

com/observations/6-strange-facts-about-the-interstellar-visitor-oumuamua/.
—— "How to Approach the Problem of 'Oumuamua." *Scientific American*, December 19, 2018, https://blogs.scientificamerican.com/observations/how-to-approach-the-problem-of-oumuamua/.
—— "The Moon as a Fishing Net for Extraterrestrial Life." *Scientific American*, September 25, 2019, https://blogs.scientificamerican.com/observations/the-moon-as-a-fishing-net-for-extraterrestrial-life/.
—— "The Simple Truth About Physics." *Scientific American*, January 1, 2020, https://blogs.scientificamerican.com/observations/the-simple-truth-about-physics/.
Sheerin, T. F., and A. Loeb. "Could 1I/2017 U1 'Oumuamua Be a Solar Sail Hybrid?" Center for Astrophysics, Harvard University, May 2020, https://www.cfa.harvard.edu/~loeb/TL.pdf.
Siraj, A., and A. Loeb. "'Oumuamua's Geometry Could Be More Extreme than Previously Inferred." *Research Notes of the American Astronomical Society* (2019), http://iopscience.iop.org/article/10.3847/2515-5172/aafe7c/meta.
—— "Identifying Interstellar Objects Trapped in the Solar System Through Their Orbital Parameters." *Astrophysical Journal Letters* (2019), https://arxiv.org/pdf/1811.09632.pdf.
—— "An Argument for a Kilometer-Scale Nucleus of C/2019 Q4." *Research Notes of the American Astronomical Society* (2019), https://arxiv.org/pdf/1909.07286.pdf.

4장 스타칩

Christian, P., and A. Loeb. "Interferometric Measurement of Acceleration at Relativistic Speeds." *Astrophysical Journal* (2017), https://arxiv.org/pdf/1608.08230.pdf.
Guillochon, J., and A. Loeb. "SETI via Leakage from Light Sails in Exoplanetary Systems." *Astrophysical Journal* (2016), https://arxiv.org/pdf/1508.03043.pdf.

Kreidberg, L., and A. Loeb. "Prospects for Characterizing the Atmosphere of Proxima Centauri b." *Astrophysical Journal Letters* (2016), https://arxiv.org/pdf/1608.07345.pdf.

Loeb, A. "On the Habitability of the Universe." *Consolidation of Fine Tuning* (2016), https://arxiv.org/pdf/1606.08926.pdf.

—— "Searching for Life Among the Stars." *Pan European Networks: Science and Technology*, July 2017, https://www.cfa.harvard.edu/~loeb/PEN.pdf.

—— "Breakthrough Starshot: Reaching for the Stars." *SciTech Europa Quarterly*, March 2018, https://www.cfa.harvard.edu/~loeb/Loeb_Starshot.pdf.

—— "Sailing on Light." Forbes, August 8, 2018, ttps://www.cfa.harvard.edu/~loeb/Loeb_Forbes.pdf.

—— "Interstellar Escape from Proxima b Is Barely Possible with Chemical Rockets." *Scientific American*, 2018, https://arxiv.org/pdf/1804.03698.pdf.

Loeb, A., R. A. Batista, and D. Sloan. "Relative Likelihood for Life as a Function of Cosmic Time." *Journal of Cosmology and Astroparticle Physics* (2016), https://arxiv.org/pdf/1606.08448.pdf.

Manchester, Z., and A. Loeb. "Stability of a Light Sail Riding on a Laser Beam." *Astrophysical Journal Letters* (2017), https://arxiv.org/pdf/1609.09506.pdf.

5장 빛의 돛 가설

Hoang, T., and A. Loeb. "Electromagnetic Forces on a Relativistic Spacecraft in the Interstellar Medium." *Astrophysical Journal* (2017), https://arxiv.org/pdf/1706.07798.pdf.

Hoang, T., A. Lazarian, B. Burkhart, and A. Loeb. "The Interaction of Relativistic Spacecrafts with the Interstellar Medium." *Astrophysical Journal* (2017), https://arxiv.org/pdf/1802.01335.pdf.

Hoang, T., A. Loeb, A. Lazarian, and J. Cho. "Spinup and Disruption of Interstellar Asteroids by Mechanical Torques, and Implications for 1I/2017 U1('Oumuamua)." *Astrophysical Journal* (2018), https://arxiv.org/

pdf/1802.01335.pdf.

Loeb, A. "An Audacious Explanation for Fast Radio Bursts." *Scientific American*, June 24, 2020, https://www.scientificamerican.com/article/an-audacious-explanation-for-fast-radio-bursts/.

6장 조개껍데기와 부표

Lingam, M., and A. Loeb. "Risks for Life on Habitable Planets from Superflares of Their Host Stars." *Astrophysical Journal* (2017), https://arxiv.org/pdf/1708.04241.pdf.

—— "Optimal Target Stars in the Search for Life." *Astrophysical Journal Letters* (2018), https://arxiv.org/pdf/1803.07570.pdf.

Loeb, A. "For E.T. Civilizations, Location Could Be Everything." *Scientific American*, March 13, 2018, https://blogs.scientificamerican.com/observations/for-e-t-civilizations-location-could-be-everything/.

—— "Space Archaeology." *Atmos*, November 8, 2019, https://www.cfa.harvard.edu/Atmos_Loeb.pdf.

Siraj, A., and A. Loeb. "Radio Flares from Collisions of Neutron Stars with Interstellar Asteroids." *Research Notes of the American Astronomical Society* (2019), https://arxiv.org/pdf/1908.11440.pdf.

—— "Observational Signatures of Sub-Relativistic Meteors." *Astrophysical Journal Letters* (2020), https://arxiv.org/pdf/2002.01476.pdf.

7장 어린이

Lingam, M., and A. Loeb. "Fast Radio Bursts from Extragalactic Light Sails." *Astrophysical Journal Letters* (2017), https://arxiv.org/pdf/1701.01109.pdf.

—— "Relative Likelihood of Success in the Searches for Primitive Versus Intelligent Life." *AstroBiology* (2019), https://arxiv.org/pdf/1807.08879.pdf.

8장 광대함

Loeb, A. "Geometry of the Universe." *Astronomy*, July 8, 2020, https://

www.cfa.harvard.edu/~loeb/Geo.pdf.
—— *How Did the First Stars and Galaxies Form?* Princeton, NJ: Princeton University Press, 2010.
Loeb, A., and S. R. Furlanetto. *The First Galaxies in the Universe.* Princeton, NJ: Princeton University Press, 2013.
Loeb, A., and M. Zaldarriaga. "Eavesdropping on Radio Broadcasts from Galactic Civilizations with Upcoming Observatories for Redshifted 21 Cm Radiation." *Journal of Cosmology and Astroparticle Physics* (2007), https://arxiv.org/pdf/astroph/0610377.pdf.

9장 필터

Lingam, M., and A. Loeb. "Propulsion of Spacecrafts to Relativistic Speeds Using Natural Astrophysical Sources." *Astrophysical Journal* (2020), https://arxiv.org/pdf/2002.03247.pdf.
Loeb, A. "Our Future in Space Will Echo Our Future on Earth." *Scientific American*, January 10, 2019, https://blogs.scientificamerican.com/observations/our-future-in-space-will-echo-our-future-on-earth/.
—— "When Lab Experiments Carry Theological Implications." *Scientific American*, April 22, 2019, https://blogs.scientificamerican.com/observations/when-lab-experiments-carry-theological-implications/.
—— "The Only Thing That Remains Constant Is Change." *Scientific American*, September 6, 2019, https://blogs.scientificamerican.com/observations/the-only-thing-that-remains-constant-is-change/.
Siraj, A., and A. Loeb. "Exporting Terrestrial Life Out of the Solar System with Gravitational Slingshots of Earthgrazing Bodies." *International Journal of Astrobiology* (2019), https://arxiv.org/pdf/1910.06414.pdf.

10장 우주 고고학

Lin, H. W., G. Gonzalez Abad, and A. Loeb. "Detecting Industrial Pollution in the Atmospheres of Earth-Like Exoplanets." *Astrophysical Journal Letters* (2014), https://arxiv.org/pdf/1406.3025.pdf.

Lingam, M., and A. Loeb. "Natural and Artificial Spectral Edges in Exoplanets." *Monthly Notices of the Royal Astronomical Society* (2017), https://arxiv.org/pdf/1702.05500.pdf.
Loeb, A. "Making the Church Taller." *Scientific American*, October 18, 2018, https://blogs.scientificamerican.com/observations/making-the-church-taller/.
—— "Advanced Extraterrestrials as an Approximation to God." *Scientific American*, January 26, 2019, https://blogs.scientificamerican.com/observations/advanced-extraterrestrials-as-an-approximation-to-god/.
—— "Are We Really the Smartest Kid on the Cosmic Block?" *Scientific American*, March 4, 2019, https://blogs.scientificamerican.com/observations/are-we-really-the-smartest-kid-on-the-cosmic-block/.
—— "Visionary Science Takes More Than Just Technical Skills." *Scientific American*, May 25, 2020, https://blogs.scientificamerican.com/observations/visionary-science-takes-more-than-just-technical-skills/

11장 오무아무아의 내기

Chen, H., J. C. Forbes, and A. Loeb. "Influence of XUV Irradiation from Sgr A* on Planetary Habitability and Occurrence of Panspermia near the Galactic Center." *Astrophysical Journal Letters* (2018), https://arxiv.org/pdf/1711.06692.pdf.
Cox, T. J., and A. Loeb. "The Collision Between the Milky Way and Andromeda." *Monthly Notices of the Royal Astronomical Society* (2008), https://arxiv.org/pdf/0705.1170.pdf.
Forbes, J. C., and A. Loeb. "Evaporation of Planetary Atmospheres Due to XUV Illumination by Quasars." *Monthly Notices of the Royal Astronomical Society* (2018), https://arxiv.org/pdf/1705.06741.pdf.
Loeb, A. "Long-Term Future of Extragalactic Astronomy." *Physical Review D* (2002), https://arxiv.org/pdf/astro-ph/0107568.pdf.
—— "Cosmology with Hypervelocity Stars." *Journal of Cosmology and Astroparticle Physics* (2011), https://arxiv.org/pdf/1102.0007.pdf.

—— "Why a Mission to a Visiting Interstellar Object Could Be Our Best Bet for Finding Aliens." *Gizmodo*, October 31, 2018, https://gizmodo.com/why-a-mission-to-a-visiting-interstellar-object-could-b-1829975366.

—— "Be Kind to Extraterrestrials." *Scientific American*, February 15, 2019, https://blogs.scientificamerican.com/observations/be-kind-to-extraterrestrials/.

—— "Living Near a Supermassive Black Hole." *Scientific American*, March 11, 2019, https://blogs.scientificamerican.com/observations/living-near-a-supermassive-black-hole/.

12장 씨앗

Ginsburg, I., M. Lingam, and A. Loeb. "Galactic Panspermia." *Astrophysical Journal* (2018), https://arxiv.org/pdf/1810.04307.pdf.

Lingam, M., I. Ginsburg, and A. Loeb. "Prospects for Life on Temperate Planets Around Brown Dwarfs." *Astrophysical Journal* (2020), https://arxiv.org/pdf/1909.08791.pdf.

Lingam, M., and A. Loeb. "Subsurface Exolife." *International Journal of Astrobiology* (2017), https://arxiv.org/pdf/1711.09908.pdf.

—— "Brown Dwarf Atmospheres as the Potentially Most Detectable and Abundant Sites for Life." *Astrophysical Journal* (2019), https://arxiv.org/pdf/1905.11410.pdf.

—— "Dependence of Biological Activity on the Surface Water Fraction of Planets." *Astronomical Journal* (2019), https://arxiv.org/pdf/1809.09118.pdf.

—— "Physical Constraints for the Evolution of Life on Exoplanets." *Reviews of Modern Physics* (2019), https://arxiv.org/pdf/1810.02007.pdf.

Loeb, A. "In Search of Green Dwarfs." *Scientific American*, June 3, 2019, https://blogs.scientificamerican.com/observations/in-search-of-green-dwarfs/.

—— "Did Life from Earth Escape the Solar System Eons Ago?" *Scientific American*, November 4, 2019, https://blogs.scientificamerican.com/obser-

vations/did-life-from-earth-escape-the-solar-system-eons-ago/.
—— "What Will We Do When the Sun Gets Too Hot for Earth's Survival?" *Scientific American*, November 25, 2019, https://blogs.scientificamerican.com/observations/the-moon-as-a-fishing-net-for-extraterrestrial-life/.
—— "Surfing a Supernova." *Scientific American*, February 3, 2020, https://blogs.scientificamerican.com/observations/surfing-a-supernova/.
Siraj, A., and A. Loeb. "Transfer of Life by Earth-Grazing Objects to Exoplanetary Systems." *Astrophysical Journal Letters* (2020), https://arxiv.org/pdf/2001.02235.pdf.
Sloan, D., R. A. Batista, and A. Loeb. "The Resilience of Life to Astrophysical Events." *Nature Scientific Reports* (2017), https://arxiv.org/pdf/1707.04253.pdf.

13장 특이점

Broderick, A., and A. Loeb. "Portrait of a Black Hole." *Scientific American*, 2009, https://www.cfa.harvard.edu/~loeb/sciam2.pdf.
Forbes, J., and A. Loeb. "Turning Up the Heat on 'Oumuamua." *Astrophysical Journal Letters* (2019), https://arxiv.org/pdf/1901.00508.pdf.
Loeb, A. "'Oumuamua's Cousin?" *Scientific American*, May 6, 2019, https://blogs.scientificamerican.com/observations/oumuamuas-cousin/.
—— "It Takes a Village to Declassify an Error Bar." *Scientific American*, July 3, 2019, https://blogs.scientificamerican.com/observations/it-takes-a-village-to-declassify-an-error-bar/.
—— "Can the Universe Provide Us with the Meaning of Life?" *Scientific American*, November 18, 2019, https://blogs.scientificamerican.com/observations/surfing-a-supernova/.
—— "In Search of Naked Singularities." *Scientific American*, May 3, 2020, https://blogs.scientificamerican.com/observations/in-search-of-naked-singularities/.
Siraj, A., and A. Loeb. "Discovery of a Meteor of Interstellar Origin." *Astrophysical Journal Letters* (2019), https://arxiv.org/pdf/1904.07224.pdf.

—— "Probing Extrasolar Planetary Systems with Interstellar Meteors." *Astrophysical Journal Letters* (2019), https://arxiv.org/pdf/1906.03270.pdf.
—— "Halo Meters." *Astrophysical Journal Letters* (2019), https://arxiv.org/pdf/1906.05291.pdf.

결론

Lingam, M., and A. Loeb. "Searching the Moon for Extrasolar Material and the Building Blocks of Extraterrestrial Life." *Publications of the National Academy of Sciences* (2019), https://arxiv.org/pdf/1907.05427.pdf.
Loeb, A. "Science Is an Infinite-Sum Game." *Scientific American*, July 31, 2018, https://blogs.scientificamerican.com/observations/science-is-an-infinite-sum-game/.
—— "Why Should Scientists Mentor Students?" *Scientific American*, February 25, 2020, https://blogs.scientificamerican.com/observations/why-should-scientists-mentor-students/.
—— "Why the Pursuit of Scientific Knowledge Will Never End." *Scientific American*, April 6, 2020, https://blogs.scientificamerican.com/observations/why-the-pursuit-of-scientific-knowledge-will-never-end/.
—— "A Sobering Astronomical Reminder from COVID-19." *Scientific American*, April 22, 2020, https://blogs.scientificamerican.com/observations/a-sobering-astronomical-reminder-from-covid-19/.
—— "Living with Scientific Uncertainty." *Scientific American*, July 15, 2020, https://www.scientificamerican.com/article/living-with-scientific-uncertainty/.
—— "What If We Could Live for a Million Years?" *Scientific American*, August 16, 2020, https://www.cfa.harvard.edu/~loeb/Li.pdf.
Siraj, A., and A. Loeb. "Detecting Interstellar Objects through Stellar Occultations." *Astrophysical Journal* (2019), https://arxiv.org/pdf/2001.02681.pdf.
—— "A Real-Time Search for Interstellar Impact on the Moon." *Acta Astronautica* (2019), https://arxiv.org/pdf/1908.08543.pdf.

찾아보기

ㄹ

ㅁ

ㅍ

ㅎ

A~Z